试验物理与计算数学重点实验室系列丛书

等离子体雷达散射截面减缩技术

Plasma – based Radar Cross Section Reduction

[印]赫玛·辛格　西玛·安东尼　　著
拉凯什·莫汉·杰哈

张生俊　莫锦军　薛　晖　译

刘佳琪　审校

国防工业出版社

·北京·

图书在版编目(CIP)数据

等离子体雷达散射截面减缩技术 / (印) 赫玛·辛格
(Hema Singh), (印) 西玛·安东尼 (Simy Antony),
(印) 拉凯什·莫汉·杰哈 (Rakesh Mohan Jha) 著；张
生俊，莫锦军，薛晖译. —北京：国防工业出版社，
2018.10
　　书名原文：Plasma - based Radar Cross Section
Reduction
　　ISBN 978 - 7 - 118 - 11759 - 2

　　Ⅰ. ①等… Ⅱ. ①赫… ②西… ③拉… ④张… ⑤莫
… ⑥薛… Ⅲ. ①等离子体 - 雷达 - 散射截面 Ⅳ.
①TN951

中国版本图书馆 CIP 数据核字 (2018) 第 233154 号

※

国防工业出版社出版发行

(北京市海淀区紫竹院南路23号　邮政编码100048)
北京龙世杰印刷有限公司印刷
新华书店经售

*

开本 880 × 1230　1/32　印张 2⅝　字数 45 千字
2018 年 10 月第 1 版第 1 次印刷　印数 1—3000 册　定价 26.00 元

(本书如有印装错误，我社负责调换)

国防书店：(010)88540777　　发行邮购：(010)88540776
发行传真：(010)88540755　　发行业务：(010)88540717

本书献给 R. Narasimha 教授。

纪念 Rakesh Mohan Jha 博士,伟大的科学家,良师和杰出人物。

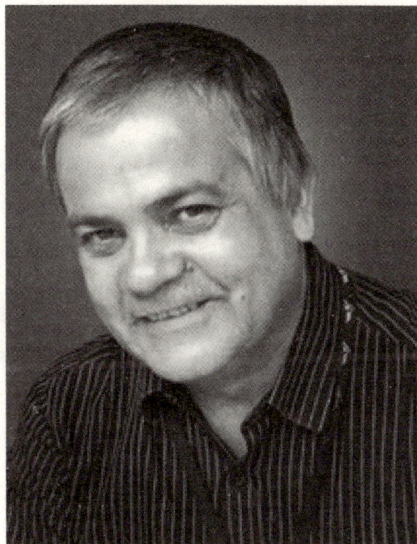

Rakesh Mohan Jha 博士是杰出的科学家、一位完美的人,也是我们所有与本书相关人员的伟大导师和朋友。我们以沉重的心情哀悼他的突然去世,并将本书献给他以作纪念。

译　者　序

　　翻译这本小册子，着实有些犹豫：一方面，等离子体隐身是近年来国内外研究的热点，理论与试验研究著述很多，但对应用效果的定量分析及试验验证等方面内容的文献较少，我们希望通过此书翻译可以使相关科研人员对国外的研究有一个了解和借鉴；另一方面，此书内容较少，能对读者起多大帮助，我们也不确定。最终，我们还是决定努力把它翻译出来，把作者关于等离子体隐身的认识和看法呈现给国内的研究者们，以供借鉴。本书对等离子体隐身的开创者俄罗斯（苏联）及等离子体天线的提出者美国的研究有所涉及，但不够深入，但是此书基本反映了等离子体隐身领域的发展动态，值得作为研究参考。书中也引用了不少中国学者的研究成果，说明中国学者在等离子研究方面走在世界的前列。本书由实验物理与计算数学国家重点实验室组织，张生俊、莫锦军、薛晖翻译，刘佳琪审校。本书翻译过程中得到了国家自然科学基金项目（批准号：61471368、61571031）的资助，还得到空军工程大学徐浩军教授、南京航空航天大学刘少斌教授的大力支持与帮助指导，在此一并感谢。本书虽经认真翻译和审校，仍难免有瑕疵，不当之处恳请批评指正。

译者

2018.5

序

为减缩和控制目标雷达散射截面(RCS),人们尝试了各种技术手段,包括赋形、使用雷达吸收材料、频率选择表面和功能材料等。等离子体隐身技术也是一种有效的 RCS 减缩方法,该技术利用包覆在目标结构周围的等离子体层实现对入射电磁波的反射和吸收。本书回顾了迄今为止在公开文献中报道的基于等离子体的 RCS 减缩研究进展,从电磁波与等离子体相互作用的基础理论出发,简要讨论了用于分析等离子体传播特性的方法和等离子体的产生方式,对等离子体传输特性进行了参数化分析,并指出实现等离子体隐身面临的主要挑战。阅读本书可以深入理解电磁波在等离子体内传输时各种参数所起的作用,希望为在等离子体隐身领域工作的研究人员提供参数化理论依据。

Hema Singh

Simy Antony

Rakesh Mohan Jha

前　言

　　国家航空航天实验室（NAL）作为印度科学和工业研究理事会（CSIR）的成员单位，是印度唯一的民用航空航天研究所（下面简称为 CSIR – NAL）。CSIR – NAL 是一家专注于航空航天各个学科研究的高科技机构，其任务是发展航空航天技术的各学科内容，设计和制造中小型民用飞机原型，并为国家航空航天项目提供支持。CSIR – NAL 有很多先进的测试设施，包括被认证为国家设施的 3 倍声速风洞。涉及的专业领域和能力包括计算流体力学，实验空气动力学，电磁学，飞行力学和控制，涡轮机械和燃烧，机身复合材料，航空电子学，航空航天材料，结构设计、分析和测试，等等。CSIR 总部设在印度新德里，CSIR – NAL 则位于印度班加罗尔。

　　CSIR – NAL 和施普林格（Springer）出版社最近签署了一份合作协议，为 CSIR – NAL 的作者在施普林格出版一个专辑。该专辑书目力图反映 CSIR – NAL 在航空航天不同领域的最新研究成果，展现其出色的研究能力和对全球科学界的贡献。

　　专辑第一组的 5 本书全部来自 CSIR – NAL 电磁中心，并作为计算电磁学方面的施普林格综述（Springer Briefs）系列的组成部分，这也是电气和计算机工程领域施普林格综述系列的一个子系列。

CSIR – NAL 电磁中心主要研究航空航天工程背景下存在大型机身结构影响时的电磁设计和分析问题，与传统的自由空间环境电磁学研究有很大差别。电磁学中心在这些领域取得的一些先进成果已经成为有关研究的基础理论。例如，由该中心电磁科学家提出的测地线常数法（GCM）已被全世界的同行广泛采用，成为现代共形天线阵列理论的根基。

　　电磁中心的研究领域包括：①表面建模和射线追踪；②空间天线分析和选址（飞机、卫星和卫星运载火箭（SLV））；③航空航天器雷达散射截面（RCS）研究，包括雷达吸波材料（RAM）和雷达吸波结构（RAS），RCS 减缩和有源 RCS 减缩；④相控阵天线，包括共形阵列和自适应共形阵列设计；⑤频率选择表面（FSS）；⑥天基和地基雷达天线；⑦高达太赫（THz）频段的航空航天超材料；⑧材料的电磁特性。

　　希望此施普林格综述系列图书的出版发行有助于有关新研究的开展，并促进本实验室与世界各地学术和研究组织建立新的合作关系。

Shyam Chetty
CSIR – NAL

致　　谢

感谢位于印度班加罗尔的 CSIR – NAL 实验室主任 Shy-am Chetty 的支持,他推动了施普林格综述系列图书的撰写。感谢提出有益建议的 CSIR – NAL 电磁中心各位同仁,他们是 R. U. Nair 博士、Shiv Narayan 博士、Balamati Choudhury 博士和 K. S. Venu 先生。在本书撰写过程中,他们提供了很多无私帮助。感谢 Harish S. Rawatt 先生、P. S. Neethu 女士、Umesh V. Sharma 先生和 Bala Ankaiah 先生等电磁中心项目职员,感谢他们在书稿准备过程中的一贯支持。

本书能在如此短的时间内出版,离不开施普林格出版社有关人员的热心帮助和鼓励,特别是出版社副主任 Suvira Srivastav 和应用科学及工程高级编辑 Swati Mehershi 的努力。我们对施普林格出版社职员 Kamiya Khatter 女士和 Aparajita Singh 女士为这本小册子出版给予的帮助致以衷心的感谢。

Hema Singh

Simy Antony

Rakesh Mohan Jha

作 者 简 介

  Hema Singh 博士现任位于印度班加罗尔的 CSIR – NAL 电磁中心高级科学家。在 2001—2004 年间,她曾任位于印度彼拉尼(Pilani)的 BITS 大学讲师。她 2000 年毕业于印度 IIT – BHU 大学,获电子工程博士学位。她的研究领域是航空航天应用中的计算电磁学。她在 GTD/UTD 方法、室内环境下的电磁传播分析、相控阵天线、共形天线和有源 RCS 减缩等方面做出了贡献。她因在相控阵天线、自适应阵列和有源 RCS 减缩方面的杰出贡献获得 2007—2008 年度 CSIR – NAL 最佳女科学家奖。Singh 博士与他人合著了一本专著并撰写了另一本专著中的一章内容,发表了 120 篇研究论文和技术报告。

  Simy Antony 获印度卡利卡特大学本科学位和柯钦科技大学硕士学位,均为电子专业。她是 CSIR – NAL 电磁中心的项目科学家,主要从事空天飞行器 RCS 特性研究。

  Rakesh Mohan Jha 博士曾任 CSIR – NAL 电磁中心首席科学家和主任。Jha 博士于 1982 年获得印度 BITS 大学的电子学本科和科学硕士双学位,于 1989 年获得印度工程科学研究所(Engineering of Indian Institute of Science)航空航天系的计算电磁学工学博士学位。Jha 博士曾于 1991 年在牛津大学的工程科学系作 SERC(英)访学博士后研究员。他分别于

1992—1993 年和 1997 年在德国卡尔斯鲁厄大学的高频技术和电气研究所作洪堡研究员。他于 1999 年被授予 Sir C. V. Raman 航天工程奖。Jha 博士于 2010 年因在航天工程中的电磁应用贡献被选举为 INAE 院士，他同时也是 IETE 会员和 ICCES 杰出会员。Jha 博士出版了多本专著，发表 500 余篇研究论文和技术报告。他在本书的撰写过程中因心脏骤停而不幸去世。

目　　录

第1章 引 言

隐身或低可探测性并不意味着目标从雷达中完全消失，而是指目标具有较低的雷达回波，只有在更近的距离上才会被雷达探测和跟踪。这和地面战斗中的士兵伪装类似，除非士兵距离敌军很近，否则敌军无法发现。通常，隐身技术是指降低目标散射特性，防止被探测和识别的一切手段(Vass，2003)。

简而言之，RCS(雷达散射截面)的重要性体现在它直接影响雷达的探测距离上，从雷达距离方程(Skolnik，2003)可以很明显看出这一点：

$$R_{\max} = 4\sqrt{\frac{P_t G A_e \sigma}{(4\pi)^2 S_{\min}}} \qquad (1-1)$$

式中：$R_{\max}$ 为最大探测距离；P_t 为雷达发射功率；G,A_e 分别为发射天线增益和接收天线有效面积(单站时与发射天线相等)；σ 为目标 RCS；$S_{\min}$ 为最小可探测信号。

人们已经用赋形设计、雷达吸波涂层、工程材料和等离子体等方法切实实现了飞行器对雷达探测源的隐匿或隐身。特别地，等离子体隐身技术是仍然在研究的内容。根据推测，俄罗斯和美国已经在航空航天领域实现了基于等离子体的雷达目标低可探测(http://www.rense. com/general168/

newrussianstealth）。但由于保密原因,详细内容和数据并未公开。

通常,隐身飞行器应该在 6 个方面实现低可探测,即雷达、红外、可见光、声学、烟雾和尾迹(如等离子体尾焰)等。等离子体隐身,也认为是一种有源隐身技术,首先由俄罗斯提出。他们(指美、俄)通过在飞机前端放置等离子体炬实现隐身。等离子体炬在飞机周围产生电离云团,吸收入射雷达波(图 1－1)。据 2002 年《电子防御杂志》报道,采用该方式产生等离子体云团,其隐身效果可使歼击轰炸机(Su－27IB)的 RCS 减缩 20dB。

图 1－1　覆盖等离子体云团的飞行器

然而,这种等离子体发生器十分笨重(约 100kg)。所产生的等离子体防护层消耗掉部分入射雷达波能量,并使部分雷达波绕飞行器偏折,从而将目标 RCS 降低两个数量级。俄罗斯主要使用冷等离子体技术对飞行器进行隐身。

根据电离度可以把等离子体分为冷等离子体和热等离子体。热等离子体中工质是完全电离的(Dinklage,2005),冷等离子体中只有部分气体分子电离。冷等离子体中电离的电子没有足够的能量从其相应的离子逸出(不具有随机特性),因此,温度对冷等离子体参数的影响可以忽略不计。

2

等离子体隐身防护是基于入射电磁波在被目标散射前可以被等离子体吸收这一事实。而且,相比于对入射波形成锐利不连续界面的目标表面来说,等离子体—空气界面,从电尺寸角度来说是连续的,可降低反射的雷达特征信号。

覆盖飞行器的等离子体云团可能会产生其他特性,如热、声、红外或可见光等,从而导致在利用等离子体减缩 RCS 的同时可能会因为这些特性的产生而增大目标的可探测性。因此,需要对等离子体的产生方法和它与电磁波的相互作用进行深入研究。此外,还需要选取和优化那些能够通过控制来达到降低目标的雷达可探测性的等离子体参数进行。

本书对基于等离子体的 RCS 减缩方法进行综述。1.1 节是等离子体的理论基础;1.2 节描述了影响等离子体性能的等离子体参数;1.3 节对等离子体隐身进展进行了简单论述。

第 2 章分析等离子体与入射电磁波的相互作用。2.1 节和 2.2 节分别介绍磁化等离子体和非磁化等离子体的基本特性。

第 3 章给出等离子体覆盖简单目标的 RCS 结果;3.1 节讨论了等离子体产生的机理和维持等离子体的功率要求;3.2 节讨论了预估和减缩等离子体覆盖目标 RCS 的近似和方法;3.3 节介绍了等离子体与雷达吸波材料组合应用时的性能。

第 4 章讨论等离子体隐身技术实用化所面临的挑战。

第 5 章对等离子体 RCS 减缩现状进行了总结。

1.1 等离子体物理基本概念

等离子体被认为是物质的第四态。据报道,宇宙中99%的物质都处于等离子体态(Chen,1974)。等离子体的例子包括闪电、荧光管内的导电气体、北极光、火箭尾焰等。

等离子体是一种含有带电粒子的气团。具体地说,它是由带正电荷的离子、带负电荷的电子和中性粒子共同组成的电中性、高度电离的气体。从稳定的原子中电离电子需要能量。并不是所有电离气体都能称为等离子体。等离子体应该有一定的电离度。因此,等离子体定义为包含荷电粒子和中性粒子的准中性气体。

气体电离生成等离子体的机理有3种,即热致电离、电致电离和辐射电离。

(1)热致电离。由热激发产生的电子—离子对是不稳定的。当温度和电子密度足够高时,每一个复合过程都能伴随有电离过程,此时,等离子体就能够保持自持。然而,这一过程所需的温度至少为10000℃,远高于任何金属能承受的温度。

(2)电致电离。通过对气体施加高强度电场实现。此时,电子被激发并脱离原子,这些加速的电子又与中性原子碰撞,产生进一步的电离。雷暴就源于这种类型的电离。

(3)辐射电离。通过电磁辐射实现。此时入射光子要具有比电离阈值更高的能量。例如,电离层中由太阳的紫外辐射所致的电离。

注意,隐身用的等离子体应以这样的方式产生:其应容许等离子体参数的独立变化。此外,还不能增强红外或可见光等其他特征信号。表征等离子体的基本参数包括等离子体频率、密度和德拜长度,以下是对这些参数的简要讨论:

等离子体的一个基本性质是保持其电中性的倾向。在平衡状态下,等离子体保持均匀并稳定,等离子体的每单位体积内都具有相同数量的电子和离子。

如果由于某种原因导致出现电荷不均衡,则会产生较大的静电力而导致电子等离子体振荡,这些振荡使等离子体整体上在短时间内恢复电中性(Seshadri,1973)。

如果在等离子体中引入额外的负电荷(图 1-2),则该电荷将产生径向电场,迫使电子沿径向向外移动,这些电子运动到平衡区域之外导致该区域带正电,这一过程使电子获得动能。这一过程还会改变电场方向,并迫使电子再次向区域内移动。电子的这种连续的往返移动引起电子等离子体振荡。这些振荡非常迅速,因而较重的离子没有足够时间来响应振荡场,可以认为是固定不动的。这种振荡的频率通常被称为等离子体频率。

在一个振荡周期内,球形区域内的总电荷平均值为零,即保持平均电中性(Chen,1974)。等离子体频率可表示为(Ginzburg,1961)

$$\omega_{\mathrm{p}} = \sqrt{\frac{n_{\mathrm{o}} e^2}{m_{\mathrm{e}} \varepsilon_{\mathrm{o}}}} \qquad (1-2)$$

式中:n_{o} 为电子密度;e 为电子电荷量(1.6×10^{-19} C);m_{e} 为电子质量(0.91×10^{-30} kg);ε_{o} 为自由空间的介电常数。例如,当 $n_{\mathrm{o}} = 10^{23}$ m^{-3} 时,等离子体频率为 2.8 THz。

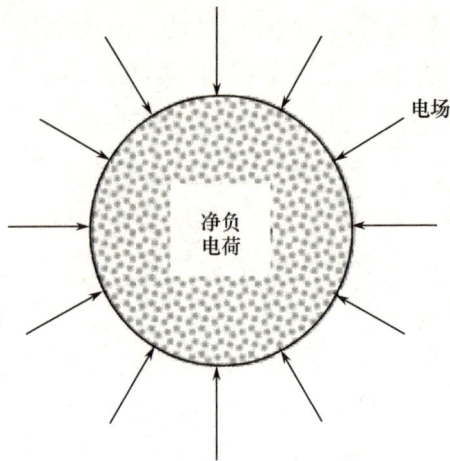

图 1－2 由外来负电荷产生的电场

由于等离子体振荡与传播常数 k 无关,其群速为零,即它不能在无限大系统中传播。不过,对于有限大系统这不成立。此时,等离子体振荡通过波纹电场(Fringing Electric Field)传播(Chen,1974)。通过改变等离子体振荡频率,电子热运动影响等离子体振荡的传播,有

$$\omega^2 = \omega_{\text{p}}^2 + \frac{3}{2}k^2 v_{\text{th}}^2 \qquad (1-3)$$

式中:$v_{\text{th}}^2 = \dfrac{2KT_{\text{e}}}{m_{\text{e}}}$;$v_{\text{th}}$ 为热运动速度;K 为玻耳兹曼常数;T_{e} 为电子温度;k 为传播矢量。

等离子体具有屏蔽外部电场的趋势。等离子体振荡有助于其保持宏观电中性。电势在一个特征距离上强烈衰减,这一特征距离即为德拜长度,表示为(Seshadri,1973)

$$\lambda_{\text{D}} = \frac{1}{\omega_{\text{p}}}\sqrt{\frac{KT_{\text{e}}}{m_{\text{e}}}} \qquad (1-4)$$

德拜球定义为其中心与测试粒子位置重合、半径等于德拜长度的圆球。德拜长度是屏蔽距离或鞘层厚度。

将式(1-2)代入式(1-4),德拜长度变为

$$\lambda_D = \sqrt{\frac{KT_e}{4\pi n_o e^2}} \qquad (1-5)$$

德拜长度取决于电子密度。电子密度越大,λ_D 越小。此外,λ_D 还与电子温度 T_e 成正比。例如,在电离层中,$n_o \approx 10^{12}\,\mathrm{m}^{-3}$,$T_e = 1000\mathrm{K}$,德拜长度为 $2 \times 10^{-3}\mathrm{m}$。

为了给出"准中性"这一术语的含义,考虑一个尺寸为 L,且 $L \gg \lambda_D$ 的有限大系统。因而,对于施加的外部势场,屏蔽距离与系统尺度相比是小量。简单地说,等离子体大小与外加的电势无关,因而也与电场无关。请记住,德拜屏蔽仅对德拜球内的大量粒子有效,这是因为电子等离子体振荡是等离子体粒子的集体行为所致。德拜球中的粒子数(Chen,1974)为

$$N_D = n_o \frac{4}{3}\pi\lambda_D^3 \qquad (1-6)$$

对于等离子体的集体行为,必须满足的条件为:①$\lambda_D \ll L$;②$N_D \gg 1$;③$\omega\tau \gg 1$(τ 是中性原子碰撞的平均时间)。

1.2　等离子体性能影响机理

在没有磁场的情况下,电子密度和碰撞频率是决定等离子体 RCS 减缩效果的重要参数(Yu 等,2003)。

（1）介电常数。等离子体媒质的复介电常数（Ginzburg，1961）为

$$\varepsilon_r = 1 - \frac{\omega_p^2}{\omega(\omega - i\nu)} = 1 - \frac{\omega_p^2}{(\omega^2 + \nu^2)} - \frac{i\omega_p^2 \nu}{\omega(\omega^2 + \nu^2)}$$

$$(1-7)$$

式中：ω_p 为等离子体频率；ω 为入射波频率；ν 为碰撞频率。

由于等离子体的介电常数取决于入射波频率，等离子体的折射率也随着入射波频率变化。对于非磁化无碰撞冷等离子体，折射率（Ruifeng 和 Donglin，2003）为

$$n = \left(1 - \frac{n_e e^2}{\varepsilon_0 m_e \omega^2}\right)^{\frac{1}{2}} = \left(1 - \frac{\omega_{pe}^2}{\omega^2}\right)^{\frac{1}{2}} \qquad (1-8)$$

当 $\omega/\omega_{pe} \leqslant 1$ 时，n 为虚数，电磁波无法在等离子体内传播。当 $\omega/\omega_{pe} \geqslant 1$ 时，n 变为实数，则电磁波可以在等离子体内传播。前一种情形类似于频率阻带，后一种情形则相当于高通滤波器的通带。

（2）传播常数。等离子体媒质的复传播常数为

$$\gamma = jk_o \sqrt{\varepsilon_r} \qquad (1-9)$$

式中：ε_r 为等离子体的介电常数；$k_o = \dfrac{2\pi}{\lambda}$。

当等离子体中的碰撞可忽略时，式（1-9）简化为

$$\gamma = jk_o \sqrt{1 - \frac{\omega_p^2}{\omega^2}} \qquad (1-10)$$

（3）电子碰撞频率。当等离子体内存在电子碰撞时，电

磁波在等离子体中传播时会产生衰减。因此,当碰撞频率增加时,反射功率将减小。电磁波进入等离子体时,等离子体内的碰撞得到增强。根据统计理论,电子碰撞频率为

$$\nu_c = \frac{4}{3}\pi\alpha^2 N\nu_{av} \qquad (1-11)$$

式中:α 为中性粒子的直径;N 为电子数密度;ν_{av} 为电子平均速度。

(4)等离子体频率的影响。等离子体频率对电磁波传输的影响有 3 种情况(表 1-1)。可以推断,如果电磁波频率小于等离子体频率,等离子体对入射波来说是一个强反射体。否则,入射波在等离子体中按 $e^{-\alpha z}$ 因子指数衰减。

表 1-1　等离子体频率(ω_p)对等离子体性能的影响

入射波频率(ω)	传播常数(γ)	效果
$\omega < \omega_p$	实数	电磁波衰减($e^{-\alpha z}$)
$\omega > \omega_p$	虚数	电磁波传播($e^{-j\beta z}$)
$\omega = \omega_p$	零	传播和衰减间的临界状态

换句话说,如果电磁波进入等离子体媒质,等离子体就像一个良好的吸收体。电磁波在等离子体内的截止和吸收情况取决于控制等离子体频率的电子密度。

上述讨论仅对无碰撞等离子体有效。如果存在碰撞,等离子体的性能将完全改变(Jenn,2005)。不同碰撞频率下等离子体的介电常数和入射电磁波(1 GHz)的损耗如表 1-2 所列。等离子体的吸收特性取决于碰撞频率和入射波频率(Gregoire,1992)。碰撞频率与入射波频率相对关系对电磁波传播性能的影响如表 1-3 所列。

表 1-2　不同碰撞频率时的介电常数和损耗

碰撞频率 ν_c /(1/s)	电子密度 n_e /(1/m³)	等离子体频率 ω_p /MHz	等离子体 介电常数	损耗 /(dB/m)
0	10^{15}	284	0.9196 - j0	0
	10^{16}	897	0.196 - j0	0
10^7	10^{15}	284	0.9196 - j0.0001	2
	10^{16}	897	0.196 - j0.0013	0.263
10^9	10^{15}	284	0.9196 - j0.01251	3
	10^{16}	897	0.2159 - j0.1248	23.5

表 1-3　碰撞频率(ν)对等离子体性能的影响

入射波频率(ω)	吸收特性	原因
$\omega \ll \nu$	弱吸收	电子在与中性粒子碰撞之前获得的能量很少
$\omega \approx \nu$	峰值吸收	可获得最大的能量交换
$\omega \gg \nu$	弱吸收	由于碰撞概率低,电子仅在电磁场影响下振荡

　　(5)电子温度的影响。在碰撞期间,电子动量转换速率是电子温度和气体种类的函数(Vidmar,1990)。例如,在760托[①]压强和 1000K 温度下,氦气和空气的热离化分别需要50ns 和 20ns。如果热离化比等离子体寿命(τ)更快,则可认为电子温度与环境温度相同。等离子体寿命(τ)是等离子体由初始密度 n_o 下降到 1/e 倍时所需的时间。

　　等离子体寿命取决于电子密度和气压。它随压力、电子密度降低而增大。另一方面,如果热离化速度较慢,则电子温度会升高。氦(He)不会生成负离子,这使得它主要的电子

---

　　① 　1 托 = 133.322Pa。

附着机制最小,即氦拥有更长的等离子体寿命。由于高纯度氦气非常昂贵,可利用氦气与微量空气的混合物生成等离子体。N_2 和 O_2 杂质将使氦等离子体快速消电离。

Williams 和 Geotis(1989)研究了闪电放电对雷达波的影响。闪电使大气电离而形成等离子体。闪电等离子体可影响雷达波的传播。据报道,等离子体频率由电子密度决定,电子密度取决于电子温度。在 2000～4000K 电子温度范围内,等离子体频率随着温度的升高迅速提高,然而,在较高温度时等离子体频率的提高速率减缓。

当电子温度大于 5000K 时,等离子体频率高于所有雷达频率。因此,在这种条件下,等离子体就像是良导体反射体一样。值得注意的是,在热空气中,很可能存在等离子体碰撞。电子温度越高,碰撞频率也越高。这使得此时的等离子体对电磁波高度反射,因而不太适合于隐身应用。

(6) 磁场影响。如果施加均匀的静态磁场,等离子体就变成各向异性媒质。考虑非碰撞情况,当沿 z 方向施加磁场(B_o)时,等离子体介电常数矩阵的非零元素(Ginzburg, 1961)为

$$\varepsilon_{xx} = \varepsilon_{yy} = \varepsilon_o\left(1 + \frac{\omega_p^2}{\omega_c^2 - \omega^2}\right) \qquad (1-12a)$$

$$\varepsilon_{xy} = \varepsilon_{yx}^* = \frac{j\omega_p^2\left(\frac{\omega_c}{\omega}\right)\varepsilon_o}{\omega_c^2 - \omega^2} \qquad (1-12b)$$

$$\varepsilon_{zz} = \varepsilon_o\left(1 - \frac{\omega_p^2}{\omega^2}\right) \qquad (1-12c)$$

式中:ω_c 为回旋频率,有

$$\omega_c = \frac{-eB_o}{m_e} \qquad (1-13)$$

即使在没有电磁波入射的情况下，运动电子在外加磁场中也会以回旋频率旋转。如果入射波与电子运动同步（$\omega = \omega_c$），则电子可以从入射波得到能量而获得较高的速度。决定回旋频率的外加磁场提供了控制等离子体特性参数的另一选项。

如果考虑等离子体中的碰撞，在有外加磁场时等离子体的介电常数矩阵要用碰撞频率修正，可表示为

$$\boldsymbol{\varepsilon}_{ij}(\omega) = \begin{bmatrix} \varepsilon_{xx}(\omega) & -\mathrm{j}\varepsilon_{xy}(\omega) & 0 \\ -\mathrm{j}\varepsilon_{xy}(\omega) & \varepsilon_{xx}(\omega) & 0 \\ 0 & 0 & \varepsilon_{zz}(\omega) \end{bmatrix} \quad (1-14)$$

其中

$$\varepsilon_{xx}(\omega) = \varepsilon_{yy}(\omega) = \varepsilon_o \left(1 - \frac{\left(\frac{\omega_p}{\omega}\right)^2 \left(1 - \mathrm{j}\frac{v}{\omega}\right)}{\left(1 - \mathrm{j}\frac{v}{\omega}\right)^2 - \left(\frac{\omega_c}{\omega}\right)^2} \right)$$

$$(1-15a)$$

$$\varepsilon_{xy}(\omega) = \varepsilon_{yx}(\omega) = \varepsilon_o \frac{\left(\frac{\omega_p}{\omega}\right)^2 \left(\frac{\omega_c}{\omega}\right)}{\left(1 - \mathrm{j}\frac{v}{\omega}\right)^2 - \left(\frac{\omega_c}{\omega}\right)^2} \quad (1-15b)$$

$$\varepsilon_{zz}(\omega) = \varepsilon_o \left(1 - \frac{\omega_p^2}{\omega(\omega - \mathrm{j}v)} \right) \qquad (1-15c)$$

磁场平行于 z 轴时是最简单的情况。如果所施加的磁场

偏离 z 轴,其介电常数矩阵将更复杂。等离子体中平面电磁波的传播特性可以基于外加磁场和入射波传播方向来解释。表 1-4 给出了外加磁场对等离子体性能的影响。

表 1-4 外加磁场对等离子体性能的影响

传播类型	对性能的影响
垂直极化($k \perp B_o$)	$E /\!/ B_o$:电磁波不受外加磁场影响(常波)
	$E \perp B_o$:有效折射率和相速度受外加磁场影响(异常波)
平行极化($k /\!/ B_o$)	电磁波的两个圆极化分量将以不同的速度行进,导致极化平面随传输距离旋转(法拉第旋转)

1.3 等离子体隐身

俄罗斯航空工业部门开发了基于等离子体的隐身技术。自俄罗斯官方承认他们能够使用等离子体屏来衰减和耗散雷达波以来,已有近十年。有报道称,这一等离子体屏技术可应用于任何飞行器和船舶。这项技术的原理与美国隐身飞机(如 F-117 和 B-2)使用的技术原理完全不同。

俄罗斯 Ekurdsh 科学研究中心引入了第三代隐身系统,他们使用等离子体包覆在飞行器外部而不需要改变其外部轮廓(Beskar,2004)。据估计,等离子体隐身技术已经应用于各种版本的 Su-7 和 MiG-35 等俄罗斯战斗机上。有媒体宣称,俄罗斯通过使用等离子体隐身装置获得了两个数量级的 RCS 减缩效果。

飞机 RCS 的主要贡献源之一是安装在飞机表面的天线。等离子体可以用作天线表面以实现低可探测特性(Alexef,

1998）。内充低温等离子体的中空玻璃管可用作等离子体天线。这种天线在不用作辐射器件时可以使表面对雷达波完全透明（Cadirci，2009；Anderson 等，2006）。这种等离子体天线可以在几微秒内实现开关切换。

对这种等离子体天线的一种批评是它们极易破碎。不过，如果将其嵌入环氧树脂块中则可明显增强其牢固性（Anderson 等，2006）。此外，可以使用等离子体来代替频率选择表面（FSS）中的金属单元。基于等离子体的 FSS 可以通过改变等离子体密度来进行调控，在提高防护效能的同时实现可重构性和隐身性。

天线尺寸、等离子体频率和碰撞频率控制着天线增益、输入阻抗、效率和 RCS（Sadeghikia 和 Kashani，2013）。为了实现 RCS 减缩，优选较高碰撞频率。高碰撞频率也利于提高天线效率，但与常规金属天线相比，峰值输入阻抗和增益将减小。随着碰撞频率增加，辐射效率、峰值输入阻抗以及天线增益均下降。但是，辐射方向图不受碰撞频率增大的影响。

当等离子体频率大于激励源频率时，等离子体天线的增益、辐射方向图和 RCS 与相应金属天线的值相近。等离子体频率的变化主要影响天线的输入阻抗。但是，目前还没有关于等离子体天线 RCS 特性的细节报道。开发等离子体天线用于 RCS 减缩的研究正在进行中。

第2章 电磁波在等离子体中的传播

当平面波在等离子体中传播时,会产生吸收、反射和传输。与在其他有耗介质中一样,等离子体中的平面波服从麦克斯韦方程组:

$$\nabla \times E = -j\omega\mu_r\mu_0 H \qquad (2-1a)$$

$$\nabla \times H = (\sigma + j\omega\varepsilon_r\varepsilon_0)E \qquad (2-1b)$$

式中:复介电常数$\overline{\varepsilon_r}$为

$$\overline{\varepsilon_r} = \varepsilon_r - j\frac{\sigma}{\omega\varepsilon_0} \qquad (2-2)$$

因此,式(2-1b)变为

$$\nabla \times H = j\omega\,\overline{\varepsilon_r}\varepsilon_0 E \qquad (2-3)$$

由此得到的波动方程可表示为

$$\nabla^2 E = \frac{\mu_r\,\overline{\varepsilon_r}}{c^2}\frac{\partial^2 E}{\partial t^2} = -\omega^2\frac{\mu_r\,\overline{\varepsilon_r}}{c^2}E = \overline{\gamma}E \qquad (2-4)$$

式中:c为光速;$\overline{\gamma}$为复数传播常数,由下式给出:

$$\overline{\gamma} = j\frac{\omega}{c}\sqrt{\mu_r\,\overline{\varepsilon_r}} \qquad (2-5)$$

2.1 磁化等离子体中的电波传播

电磁波与磁化等离子体的相互作用备受关注,特别是电磁波频率在电子回旋频率附近区域时更是如此。因为磁化等离子体在电子回旋频率附近具有很强的吸收能力（高达40dB）（Roth,1994）。利用这一特征可以开发用于空间飞行器和人造地球卫星的等离子体包覆隐身,它们所处的空间环境适合磁化等离子体的维持。另一方面,对于飞机而言,周围环境是空气,等离子体产生和维持都面临挑战。

2.1.1 静止的等离子体平板

考虑非均匀等离子体平板（图2-1(a)）,可以分析电磁波在弱电离碰撞磁化冷等离子体中的吸收、反射和透射（Laroussi 和 Roth,1993）。可以认为非均匀等离子体平板是由多层分层等离子体构成的（图2-2）。在每个分层中等离子体密度恒定,且在总的平板内,等离子体整体密度呈抛物线分布（图2-1(b)）。对平面波而言,不同入射角下冷等离子体的复介电常数（Froula 等,2011）为

$$\overline{\varepsilon_r} = 1 - \frac{\frac{\omega_p^2}{\omega^2}}{\left[1 - j\frac{\nu}{\omega} - \frac{\frac{\omega_c^2}{\omega^2}\sin^2\theta}{2\left(1 - \frac{\omega_p^2}{\omega^2} - j\frac{\nu}{\omega}\right)}\right] \pm \left[\frac{\frac{\omega_c^4}{\omega^4}\sin^4\theta}{4\left(1 - \frac{\omega_p^2}{\omega^2} - j\frac{\nu}{\omega}\right)} + \frac{\omega_c^2}{\omega^2}\cos^2\theta\right]^{\frac{1}{2}}}$$

$$(2-6)$$

式中:ω_p 为等离子体频率;ν 为碰撞频率;ω_c 为电子回旋频率;θ 为入射波方向与外加磁场方向的夹角。"-"表示右旋极化,"+"表示左旋极化。

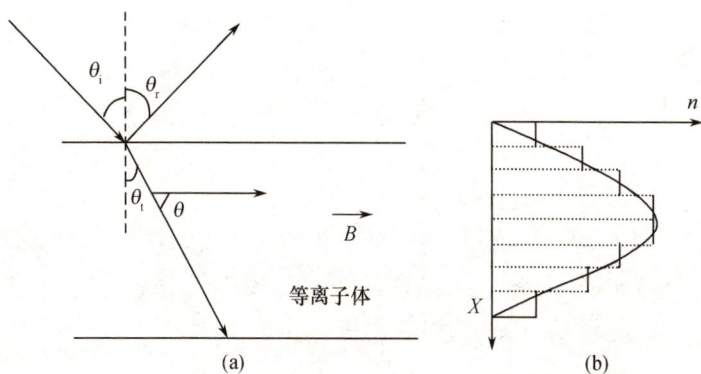

图 2 - 1　(a)电磁波向非均匀等离子体平板入射以及
(b)等离子体平板的抛物线电子密度分布

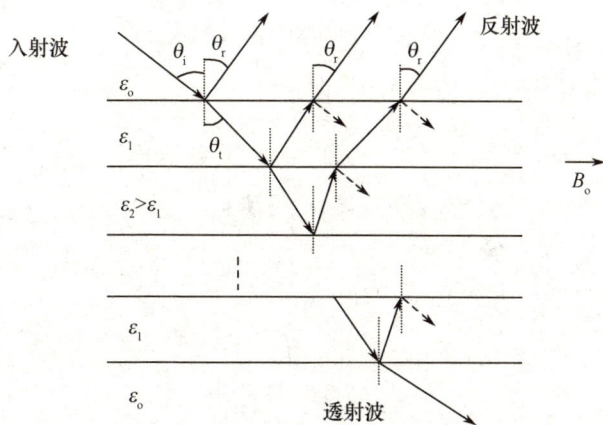

图 2 - 2　多层连续等离子体的反射和折射

　　每个平板边界处的反射都基于各分层边界波阻抗连续
性条件进行计算。反射系数(Born, Wolf, 2002)由下式
给出:

$$\Gamma(\omega,X_{i+1}) = \cfrac{\cfrac{\overline{\varepsilon_r}(\omega,X_{i+1})}{\overline{\varepsilon_r}(\omega,X_i)}\cos\theta_i - \left(\cfrac{\overline{\varepsilon_r}(\omega,X_{i+1})}{\overline{\varepsilon_r}(\omega,X_i)} - \sin^2\theta_i\right)^{\frac{1}{2}}}{\cfrac{\overline{\varepsilon_r}(\omega,X_{i+1})}{\overline{\varepsilon_r}(\omega,X_i)}\cos\theta_i + \left(\cfrac{\overline{\varepsilon_r}(\omega,X_{i+1})}{\overline{\varepsilon_r}(\omega,X_i)} - \sin^2\theta_i\right)^{\frac{1}{2}}}$$

$$(2-7)$$

式中：θ_i 为电磁波入射角；X_i 为第 i 个分层的位置。总反射系数 $\Gamma_T(\omega)$ 是各分层边界反射之和，由相应的衰减因子加权后得到（Laroussi 和 Roth，1993），即

$$\Gamma_T(\omega) = \sum_{i=1}^{N} \Gamma(\omega,X_i)(q(\omega,X_i))^2$$

$$q(\omega,X_i) = 1 - \exp\left(-\alpha(\omega,X_i) \cdot \frac{X_i}{\sin\theta}\right) \quad (2-8)$$

其中：$\alpha(\omega,X_i)$ 为各等离子体分层的衰减系数。

总反射功率和传输功率表示为

$$P_R = P_{inc}\left|\Gamma_T(\omega)\right|^2 \quad\quad (2-9)$$

$$P_T = P_{inc}\prod_i F_i \quad\quad (2-10a)$$

式中：P_{inc} 为入射功率，F_i 为

$$\prod_i F_i = \exp\left(\frac{-\alpha_i \cdot d}{\sin\theta}\right) \quad\quad (2-10b)$$

其中：α_i,d 分别为第 i 个分层的衰减系数和分层厚度。

综上所述，吸收功率为

$$P_{abs} = P_{inc} - P_R - P_T \quad\quad (2-11)$$

散射矩阵法（SMM）（Hu 等，1999）可用于分析非均匀磁化等离子体的反射、吸收和透射。SMM 用 2×2 的 S 参数矩

阵反向递归公式计算每个分层的反射、吸收和透射。这种方法提供了垂直入射情况下指数和抛物线密度分布时的求解方案。

表 2-1 描述了入射波垂直于外加磁场(Hu 等,1999)时反射、传输和吸收功率的变化趋势。表 2-2 用菲涅耳反射系数给出了斜入射(60°)时的情况(Laroussi 和 Roth,1993)。等离子体密度呈抛物线分布。所考虑的等离子体碰撞频率为兆赫量级,但入射波频率(ω)、回旋频率(ω_c)和等离子体频率(ω_p)均在吉赫量级。

表 2-1　等离子体板的性能分析(电磁波垂直磁场入射)

等离子体参数	反射功率	吸收功率	透射功率
增加峰值电子密度($\omega_p < \omega$)	增加	增加	
	带宽保持不变,峰值向高频偏移		
增加 ν(MHz 量级)($\nu < \omega, \omega_p$)	减小	减小	增加
	带宽和 f_{max} 保持不变		
电子密度分布	抛物线分布比指数分布大		指数分布比抛物线分布大

表 2-2　等离子体板的性能分析(入射波与磁场成60°夹角)

等离子体参数	反射功率	吸收功率	透射功率
增加峰值电子密度($\omega_p < \omega$)	增加	增加	减小
	带宽增加,峰值向高频偏移		
增加 ν(MHz 量级)($\nu < \omega, \omega_p$)	带宽减小 f_{max} 保持不变	减小	增加
		带宽略有增加, f_{max} 保持不变	

（续）

等离子体参数	反射功率	吸收功率	透射功率
		高	低
小角度入射	小角度时变大，f_{max}向高频略为偏移，带宽由于频率下限的移动而稍微增加	f_{max}保持不变，带宽由于频率下限的移动而增加	

当 $\nu \ll \omega$ 且 $\omega_p \ll \omega_c$ 时，出现反射、吸收和透射峰值的频率点（ω_{max}），可以由传播常数的虚部得到，即

$$\text{lm}(\varepsilon_r) = -\frac{\nu\omega_p^2}{\omega^3\left(1 - \frac{\omega_c^2}{\omega^2}\left(1 + \frac{\omega_p^2}{\omega^2}\right)\right)^2 + \nu^2\omega} \quad (2-12a)$$

为获得 $\text{lm}(\varepsilon_r)$ 的最大值，令分母的第一项为零，即

$$1 - \frac{\omega_c^2}{\omega^2}\left(1 + \frac{\omega_p^2}{\omega^2}\right) = 0 \quad (2-12b)$$

这意味着

$$\omega_{max} = \sqrt{\frac{\omega_c^2 + \sqrt{\omega_c^4 + 4\omega_c^2\omega_p^2}}{2}} \approx \omega_c + \Delta\omega_c \quad (2-12c)$$

式（2-12c）表明，ω_{max} 随着电子回旋频率和电子密度的增加而增加（ω_p 为式（1-2）中的电子密度的函数）。这表明，对于 $\omega_p \ll \omega_c$，该峰值接近回旋频率（ω_c）。也就是说，存在一个最佳的回旋频率使反射和吸收最大。

使用式（2-12c），可将式（2-12a）简化为

$$\text{lm}(\varepsilon_r) = -\frac{\omega_p^2}{\nu\omega_{max}} \qquad (2-13)$$

可以推断,损耗和衰减常数与电子密度成正比,而与碰撞频率成反比(Hu 等,1999)。

下面再给出一个斜入射到电子密度呈线性分布的非均匀磁化等离子体平板的例子(Mo,Yuan,2008)。表 2-3 给出不同等离子体参数下等离子体平板的吸收特性。

如果等离子体密度分布是局部线性与正弦分布的组合(图 2-3(b)),电磁传播表现出不同的趋势(Gruel,Oncu,2009)。其中等离子体媒质选择为冷、稳态、碰撞、弱电离等离子体。

表 2-3　等离子体平板性能分析

(电磁波以 30°向等离子体板斜入射)

等离子体参数	吸收功率
高峰值电子密度	吸收频带变宽
高 ν(吉赫量级)($\nu > \omega_p, \omega$)	吸收频带变宽、变深
大入射角	吸收频带变宽
强磁场强度	吸收频带向高频区偏移

设外加磁场是均匀的,并且平行于等离子体平板(图 2-3(a))。等离子体的第一部分具有线性变化的电子密度分布,以使电磁波与等离子体平板更好地匹配。线性分布之后是正弦密度分布,以获得更好的吸收性能和透过性能。对于磁场平行于传播方向的垂直入射平面波($\theta = 0°$)(图 2-3

(a)

(b)

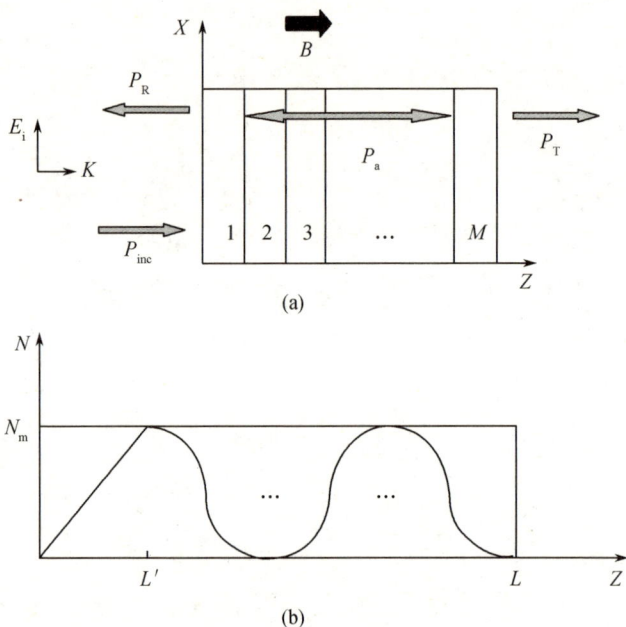

图 2 - 3　(a)电磁波在等离子体层中传播以及
(b)等离子体电子密度分布

(a)),复介电常数可由式(2 - 6)确定:

$$\overline{\varepsilon_r} = 1 - \frac{\dfrac{\omega_p^2}{\omega^2}}{1 - j\dfrac{(\nu - \omega_c)}{\omega}} \qquad (2 - 14)$$

再一次,将等离子体层分为多个宽度相等的薄等离子体亚层,设每个亚层内等离子体是均匀的(图 2 - 3(a))。则沿等离子体层电子密度分布 N 为(Gruel 和 Oncu,2009):

$$N = \begin{cases} \dfrac{N_{\mathrm{m}} z}{L'} & (z < L') \\[3mm] N_{\mathrm{m}} \left(0.5 + 0.5 \cos \left(\dfrac{\pi (z - L')}{(L - L')} \right) \right) & (z > L') \end{cases}$$

$$(2-15)$$

式中:N_{m} 为最大电子密度;L 为等离子体层厚度;L' 为线性分布区域长度。

垂直入射($\theta = 0°$)下,第$(i+1)$个界面处的反射系数可从式(2-7)得到:

$$\Gamma(i+1) = \frac{\sqrt{\varepsilon_{\mathrm{r}}(i+1)} - \sqrt{\varepsilon_{\mathrm{r}}(i)}}{\sqrt{\varepsilon_{\mathrm{r}}(i+1)} + \sqrt{\varepsilon_{\mathrm{r}}(i)}} \qquad (2-16)$$

电磁波在等离子体层内的传播过程中,透射波功率呈指数降低。来自 M 层分层的等离子体的总反射功率为

$$P_{\mathrm{R}} = P_{\mathrm{inc}} \left\{ |\Gamma(i)|^2 + \sum_{j=2}^{M} \left(|\Gamma(j)|^2 \prod_{i=1}^{j-1} \exp(-4\alpha(i)d) \right. \right.$$

$$\left. \left. (1 - |\Gamma(i)|^2) \right) \right\} \qquad (2-17)$$

式中:d 为分层厚度;$\alpha(i)$ 为第 i 个分层的衰减系数;P_i 为入射功率。界面上的多次反射忽略不计。

总透射功率为

$$P_{\mathrm{T}} = P_{\mathrm{inc}} \prod_{i=1}^{M} \exp(-2\alpha(i)d)(1 - |\Gamma(i)|^2)$$

$$(2-18)$$

吸收功率为

$$P_{\mathrm{a}} = P_{\mathrm{inc}} - (P_{\mathrm{R}} + P_{\mathrm{T}}) \qquad (2-19)$$

具有这种电子密度分布的等离子体平板性能总结如

表 2-4 所列。

表 2-4　等离子体平板性能分析(图 2-3)

等离子体参数	等离子体性能
增加电子密度	吸收功率增加(f_{max}保持不变,带宽增加)
增加 ν(单位为吉赫)	吸收带宽增加(f_{max}保持不变)
增加 B_o	形成峰值吸收,在 ω_c 附近透过率为零
	吸收频带向高频区域偏移(带宽保持不变)
增加 $\dfrac{L'}{(L-L')}$ 比率	反射功率减小
	吸收频带展宽(f_{max}保持不变)

最近,Yin 等提出了一种分析电磁波与等离子体平板相互作用的传播算子矩阵法(PMM)(Yin 等,2013)。他们对具有任意磁偏角和双指数电子密度分布的非均匀磁化等离子体平板(图 2-4)进行了研究。研究结果表明,当平面波垂直入射时,等离子体会产生极化变换效应,这种极化变换取决于等离子体参数。

双指数分布可以表示为

$$n_e(z) = \begin{cases} n_p \exp\left(-\dfrac{z+L_1}{z_{10}} \right) & (-L_1 \leq z \leq 0) \\ n_p \exp\left(\dfrac{z+L_1}{z_{20}} \right) & (-L_2 \leq z \leq L_1) \end{cases} \qquad (2-20)$$

式中:z 为径向距离;n_p 为峰值电子密度;z_{10},z_{20} 表示曲线形状;L_1 为电子密度最大值的位置;L_2 为等离子体厚度。

等离子体区域中 4×4 的传播算子矩阵表示为每层中传

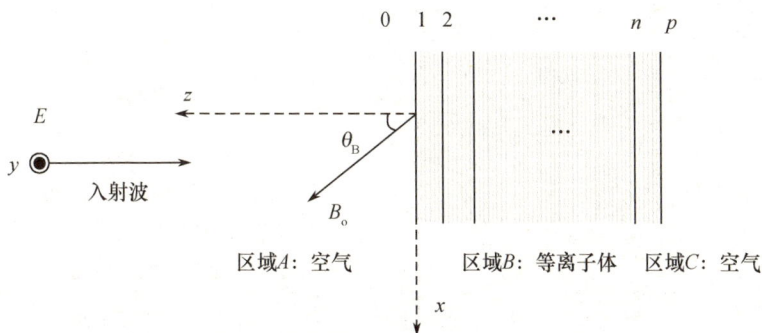

图 2 - 4　非均匀磁化等离子体平板模型

播算子矩阵的乘积。它表示第 0 层的反射波和穿过第 p 层后的透射波。

可通过等离子体平板的总反射功率和透射功率得到归一化的等离子体吸收功率：

$$P_a = 1 - p_{co}^r - p_{cross}^r - p_{co}^t - p_{cross}^t \qquad (2-21)$$

式中：p_{co}^r，p_{cross}^r 分别为共极化和交叉极化反射功率；p_{co}^t，p_{cross}^t 分别为共极化和交叉极化透射功率。

对于非磁化等离子体平板，由于各向同性特征而不存在反射和透射功率的交叉极化分量，等离子体的传播和极化特性取决于电子密度、碰撞频率、回旋频率和磁偏角。

一般来说，对磁化等离子体板有 $p_{cross}^t > p_{cross}^r$。同时，对于双指数电子密度分布，等离子体频率随厚度而变化。电子密度越大，等离子体频率的变化越明显（Yin,2013）。按双指数密度分布变化的等离子体平板，其反射、透射和吸收功率对不同等离子体参数的依赖关系如表 2 -5 所列。

表2-5 外加偏转磁场下双指数分布等离子体板的性能分析

功率	条件	ω增加	n_p增加	ν增加	B_0增加	θ_B减小
p_{co}^r; p_{cross}^r		在$\omega=\omega_c$时达到最小值	规律变化		无规律变化	
	$\omega<\omega_c$	在ω_c时降到最小值	无任何影响	p_{co}^r减少 p_{cross}^r变化不大	在与ω_c相等以前出现小的峰值(峰值随B_0增加)	
	$\omega>\omega_c$	p_{co}^r变化,存在一个峰值;p_{cross}^r变化,存在两个峰值	p_{co}^r的峰值和带宽增加;p_{cross}^r的第二个峰的峰值和频率增加,第一个峰的峰值保持不变	p_{co}^r和p_{cross}^r峰值均减小	波动增加	p_{co}^r峰值和带宽减小(0°除外);p_{cross}^r在90°时消失
p_{co}^t		在ω_t处形成转折点	ω_t增加	无影响	ω_t增加	在ω_t处稍增加
	$\omega<\omega_t$	变化缓慢,有一个小峰	出现小峰的频率位置增加,但峰值大小不变	峰值减小	峰值和所处频率位置增加(90°除外,此时峰值消失)	
	$\omega>\omega_t$	快速增加,趋于1	更快速的增加			
p_{cross}^t		显示出现峰值的最佳频率(ω_{opt})	峰值和ω_{opt}增加(带宽增加)	峰值减小;ω_{opt}不变(带宽增加)	峰值和ω_{opt}均增加(p_{cross}^t在90°消失)	
P_a		先增加,达到最大值(ω_c处)后减小	带宽增加,峰位不变	峰值减小,带宽增加		无变化(0°除外,此时峰值和带宽都较小)

2.1.2　运动的等离子体平板

如果等离子体平板处于运动状态(图2-5),由于相对论效应,平板上电磁波的传播特性将会与静止状态不同。对于垂直入射到匀速运动等离子体平板上的电磁波,其功率反射和传输系数通过在基本系(primed frame)中施加边界条件,并叠加上等离子体参数的相对论变换来确定(Chawla 和 Unz,1969)。由于等离子体平板的运动,反射频率和波数将产生多普勒效应,而传输频率和波数不受影响。值得注意的是,多普勒效应与平板的媒质无关。

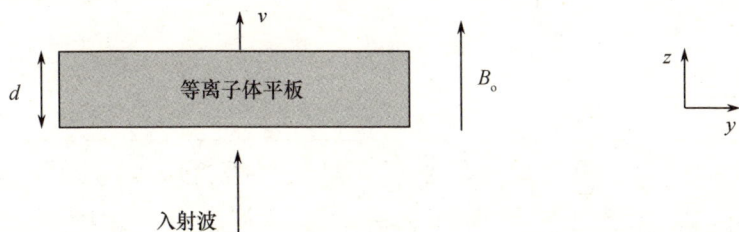

图 2-5　磁化等离子体平板垂直于界面运动

表2-6总结了运动的磁化等离子体平板中电磁波的传播特性。注意,图2-5中,磁化等离子体垂直于平板界面运动。

表 2-6　运动的磁化等离子体性能分析

功率系数	特性说明
反射(R)	对于负的 β,R 值表现出振荡特性
	R 随着 β 的增加而减小

（续）

功率系数	特性说明	
反射（R）	$\beta = v/c$	ω_c/ω
	$\beta < 0 : R > 1$	R_{max} 随 ω_c/ω 的增加而增加
	$\beta > 0 : R < 1$	
透射（T）	所有情况下 $T < 1$	
	$\omega_c/\omega = 0$：随着 β 值增加，T 趋近于 0	
	$\omega_c/\omega \neq 0$：随着 β 值增加，T 趋近于 1	
	出现波纹状，并且波纹随着外加磁场强度的增加而增大	
$R + T$	$\beta < 0 : R + T > 1$	
	$\beta = 0 : R + T = 1$	
	$\beta > 0 : R + T < 1$	

  然而，如果等离子体平板是沿与平板界面平行的方向匀速运动（图2-6），反射波和透射波都不会产生多普勒频移（Singh 和 Shekhawat，1983）。其中，外部磁场（B_o）倾斜地施加到等离子体上。等离子体参数对电磁波传播影响的总结如表2-7和表2-8所列。在 $\omega_p/\omega < 1$ 和 $\omega_p/\omega > 1$ 两种情形下，反射系数和透射系数随 β 的变化具有不同的趋势。当 $\omega_p/\omega < 1$ 时，透射系数最小值和反射系数最大值出现在正 β 值处，并且透射系数大于吸收系数和反射系数。当 $\omega_p/\omega > 1$ 时，透射系数最小值和反射系数最大值出现在负 β 值处，并且吸收系数大于透射系数和反射系数。对于 $\omega_p/\omega < 1$ 及 $\omega_p/\omega > 1$，吸收系数随 β 的变化趋势相似，但对应于 $\omega_p/\omega > 1$ 的吸收系数大于对应于 $\omega_p/\omega < 1$ 的吸收系数。

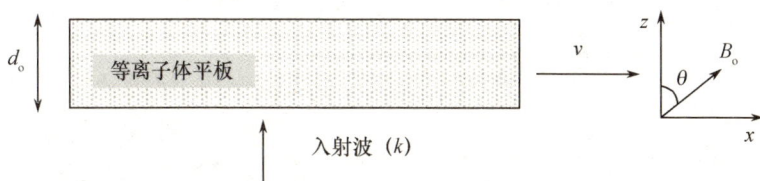

图 2-6　磁化等离子体平板平行于界面运动

表 2-7　不同传播系数随等离子体运动速度 $(\beta = v/c)$ 的变化

等离子体平板运动速度 (β)	$\omega_p/\omega < 1$			$\omega_p/\omega > 1$		
	吸收 (A)	反射 (R)	透射 (T)	反射 (R)	透射 (T)	吸收 (A)
$\beta < 0$	增加①	稍增加	变化可忽略 但在较大的 θ 处产生振荡	在特定 β 值，出现最大 R 和最小 T 随着 β 增加，T 快速增加直到饱和 在 β 较小时，R 保持最大，且随着 β 增加而减小		变化可忽略
$\beta > 0$	减小②	在特定 β 值，出现最大 R 和最小 T		减小	稍增加	稍减小

① 最大值、T 最小值和 β 值随 θ 值改变；
② 无论是 $\beta < 0$ 还是 $\beta > 0$，A 都随 θ 增加而减小

表 2-8　运动等离子体平板的传播
系数随磁倾斜角 (θ) 的变化

$\omega_p/\omega < 1$	$\omega_p/\omega > 1$
反射率随 θ 增加而减小	随 θ 增加，反射率增大到最大值
透射率降低到最小值，并在一定角度范围内保持最小值，然后随着 θ 增加而增大到最大值	透射率随 θ 增加而减小到最小值

（续）

$\omega_{\mathrm{p}}/\omega < 1$	$\omega_{\mathrm{p}}/\omega > 1$
吸收率增大到最大值,并在最小透过率的角度内保持最大值,然后随着 θ 增加减小	吸收率表现出随机行为。当反射系数最大时,吸收系数和透射系数为最小值

2.2　非磁化等离子体中的电波传播

当电磁波在非磁化等离子体中传播时,总反射场包括界面处的反射、等离子体内各层的局部反射以及由碰撞引起的反射。等离子体内的局部反射取决于密度梯度,因此需要定义密度分布。在低频端,反射源于等离子体的密度梯度,而在高频端,就不是这种情况了。此时反射更多源于等离子体对电磁波吸收的减少(Gregoire,1992)。

对于无碰撞情况,如果入射波频率大于等离子体频率,则入射电磁波在等离子体中传播时无衰减。如果入射波频率小于等离子体频率,则情况完全不同,此时入射电磁波将被反射。然而,对于有碰撞等离子体,入射电磁波会衰减而非反射。这是因为等离子体内的碰撞引起了复传播常数的改变。

电子温度在确定复介电常数的实部和虚部过程中具有重要的作用。高温下等离子体的介电常数表示为(Yuan 等,2010):

$$\varepsilon_2 = \frac{\left[1 - \dfrac{\omega_{\mathrm{p}}^2}{\omega(\omega - \mathrm{i}\nu)}\right]}{\left[1 + \dfrac{\omega\omega_{\mathrm{p}}^2 K T_{\mathrm{e}}}{(\omega - \mathrm{i}\nu)^3 m_{\mathrm{e}} c^2}\right]} \qquad (2-22)$$

式中:K 为玻耳兹曼常数;T_e 为电子温度。当电子温度只有几个电子伏(冷等离子体)时,式中分母的第二项可以忽略。

电子温度显著地影响碰撞频率,有

$$\nu = N_o \sigma_e \sqrt{\frac{KT_e}{m_e}} \qquad (2-23)$$

式中:σ_e 为电子弹性碰撞截面;N_o 为气体分子密度。

等离子体对电磁波的吸收源于电子—中性粒子碰撞以及等离子体边界之间的腔体谐振效应。对于较高频率的电磁波,腔体谐振效应超过碰撞吸收而占主导。而且,吸收率与等离子体厚度成正比。非磁化有界等离子体的传播特性如表 2-9 所列。

表 2-9　垂直入射非磁化等离子体的传播特性

参数	传输特性
等离子体厚度	存在反射率最小的最佳等离子体厚度 在有界等离子体的边界处形成的鞘层降低反射功率,但不改变吸收峰的位置和有效带宽
入射波频率	反射功率随着入射波频率的增加而减小 在较高频率下,反射对等离子体厚度的依赖关系更显著 对高频波,反射随等离子体厚度增加而增大
碰撞频率	反射随碰撞频率增加而减小
ω_p/ω	反射随 ω_p/ω 增加而增大,且与等离子体厚度无关

入射到有界等离子体上的电磁波被迅速吸收。对于薄层等离子体,等离子体中的场振荡占主导(Yuan,2010),这是因为存在多次反射结构干涉的缘故。另一方面,对于厚层

$(d > \pi/k)$ 等离子体,多次反射对等离子体内场分布的影响变得较小。

因此,为了具有显著的吸收效果,等离子体平板厚度必须满足:

$$k = \frac{n\pi}{d} \qquad\qquad (2-24)$$

式中:k 为传播常数;d 为等离子体厚度,$n = 1,2,3,\cdots$。

可以推断,一旦已知敌方雷达工作频率,就可调制出不同的等离子体参数以实现等离子体隐身。

下面考虑电磁波斜入射到封闭的非磁化、非均匀碰撞等离子体的情况(Ma 等,2008)。将等离子体分为 n 层(图2-7),每层具有分别不同的均匀等离子体密度。表2-10总结了当电磁波斜入射时,其在非磁化有界等离子体内的传播特性。

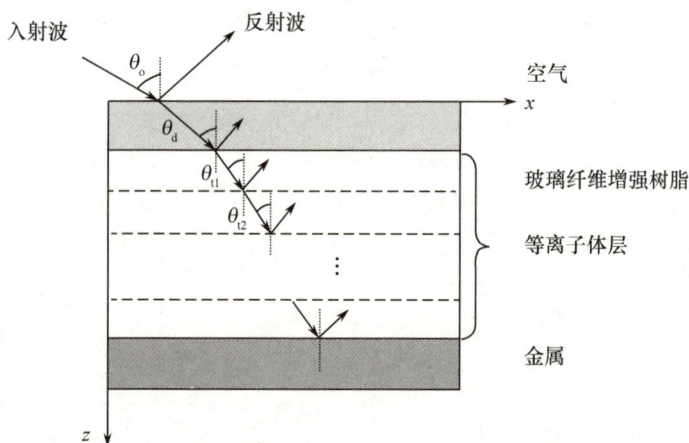

图 2-7 电磁波向等离子体斜入射

表 2-10　电磁波斜入射时非磁化等离子体的传播特性

参数	特性
入射波频率	随入射波频率增加而增大
	在大角度发生全反射(TE 和 TM 都如此)
	反射损耗和带宽均增加(TE 和 TM)
	对 TE 波,反射损耗峰值向大角度偏移
入射角	TE 波和 TM 波两种情况下,在同一角度发生全反射
	对 TE 波:反射损耗出现峰值
	对 TM 波:反射损耗没有峰值
温度	TE 波和 TM 波两种情况下,反射损耗均随温度增加而增大
电子密度分布	与抛物线分布相比,指数分布具有更宽的吸收频带

　　等离子体包覆圆柱体源于折射特性的隐身效果,可应用于航天器结构。Ma 等(2010a)研究了包覆同心等离子体外层、半径为 r_o 的完美导电圆柱体,如图 2-8 所示。

　　电磁波入射可分为两种情况:①入射的电磁射线在远离柱体中心的位置上($r_d > r_o$)时,这种波有较大的入射角,在它们到达导体圆柱表面之前将被等离子体折射;②入射的电磁射线在距离柱体中心很近的位置上($r_d < r_o$)时,这种波可入射到导电圆柱表面并被反射,反射的电磁波可被覆盖的等离子体再次折射。

　　此处假设等离子体密度为半径的函数:$n(R) = \dfrac{R^m}{R_o^m}$,$r_o < R < R_o$。

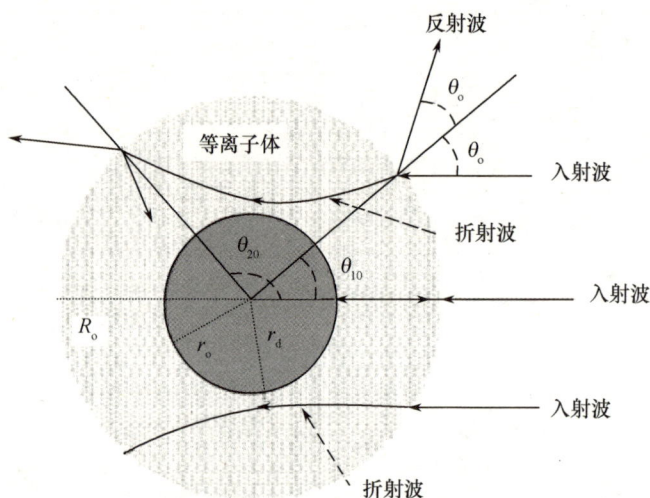

图 2-8 电磁波向圆柱等离子体包层入射

r_o—导电圆柱体半径;R_o—等离子体包覆层的半径;r_d—电磁波到
导体中心的距离;θ_{10}—电磁波相对于导体中心的入射角;θ_o—电
磁波相对于等离子体外表面的入射角;θ_{20}—电磁波相对于导体中
心的出射角。不难发现,折射偏转角度与入射角有关。

入射角越大,折射偏转角越大,因而后向散射也越小,从而有利于实现隐身。

折射偏转角还与等离子体密度分布有关,即等离子体密度越大,折射偏转角越小(Ma 等,2010a)。由图 2-8 可见,当 $\theta_o = 0°$ 时,折射偏转角也为零。

当 $\theta_o = 90°$ 时,折射偏转角为直角,即入射电磁波沿等离子体圆柱体的切线方向直线传播。入射电磁波入射到导电圆柱体上的角度取决于等离子体密度、导体半径以及等离子体包覆层半径。由于等离子体包覆层的密度是到导体中心

距离的函数,因此可用均匀的多层非磁化等离子体模型建模 (Ma 等,2010b)。等离子体包覆层的反射系数可以表示为

$$\Gamma_o = 0 \qquad (2-25a)$$

$$\Gamma_i = \frac{Z_{p,i+1}\cos\theta_{t,i+1} - Z_{p,i}\cos\theta_{t,i}}{Z_{p,i}\cos\theta_{t,i} + Z_{p,i+1}\cos\theta_{t,i+1}}; i = 1,2,3,\cdots,n$$

$$(2-25b)$$

$$\Gamma_n = -1 \qquad (2-25c)$$

其中

$$Z_{p,i} = \sqrt{\frac{\mu_o \mu_d}{\varepsilon_{p,i}\varepsilon_o}} = Z_o \sqrt{\frac{\mu_d}{\varepsilon_{p,i}}} \qquad (2-26)$$

式中:Z_o 为自由空间阻抗;$\varepsilon_{p,i}$ 为第 i 层等离子体的介电常数;$\theta_{t,i}$ 为第 i 层上的折射角;Γ_o 为空气—等离子体界面处的反射系数;Γ_i 为第 i 层到第 $i+1$ 层等离子体层间的反射系数;Γ_n 为第 n 层等离子体—内部导体间的反射系数。

根据斯涅耳定律,式(2.25b)可以写为

$$
\begin{aligned}
\Gamma_i &= \frac{\sqrt{\varepsilon_{p,i}}\cos\theta_{t,i+1} - \sqrt{\varepsilon_{p,i+1}}\cos\theta_{t,i}}{\sqrt{\varepsilon_{p,i+1}}\cos\theta_{t,i} + \sqrt{\varepsilon_{p,i}}\cos\theta_{t,i+1}} \\
&= \frac{\sqrt{\varepsilon_{p,i}}\sqrt{1 - \dfrac{\sin^2\theta_o}{\varepsilon_{p,i+1}}} - \sqrt{\varepsilon_{p,i+1}}\sqrt{1 - \dfrac{\sin^2\theta_o}{\varepsilon_{p,i}}}}{\sqrt{\varepsilon_{p,i+1}}\sqrt{1 - \dfrac{\sin^2\theta_o}{\varepsilon_{p,i}}} + \sqrt{\varepsilon_{p,i}}\sqrt{1 - \dfrac{\sin^2\theta_o}{\varepsilon_{p,i+1}}}}
\end{aligned} \qquad (2-27)
$$

考虑等离子体碰撞,电磁波在等离子体中的传播将会产生衰减,即产生反射损耗,表示为(Ma 等,2010b)

$$|\Gamma_{\text{tol}}|^2 = \sum_{j=1}^{n}\left\{|\Gamma_j|^2 \prod_{q=1}^{j}\left[(1-|\Gamma_{q-1}|^2)\exp\left(\frac{-4a_q l}{\sqrt{1-\dfrac{\sin^2\theta_o}{\varepsilon_{p,q}}}}\right)\right]\right\}$$

$$(2-28)$$

式中：a_q 为第 q 层等离子体的衰减常数；$l=n$。

圆柱形等离子体包覆层的电磁波传播特性（Ma 等，2010a,b）总结如表 2 – 11 所列。

表 2 – 11　圆柱形等离子体包覆层中的电磁波传播特性

参数		特性
入射角 （θ_o）	$\theta_o < \theta_{min}$	电磁波可入射到内部导体，$\theta_d = 2\theta_o$
		由于反射增加和双程衰减，这种情况可开发用于基于反射和吸收原理的隐身应用
	$\theta_{min} < \theta_o < 90°$	电磁波不会入射到内部导体上
		θ_o 越大，折射偏转角越小
		可用于基于折射原理的隐身
等离子体密度		折射偏转角随等离子体密度增加而减小
碰撞频率		反射率随碰撞频率增加而降低
入射波频率		反射率随入射波频率增加而变大
指数，m		反射率随 m 增加而减小

如果非磁化等离子体在运动，则电磁波传播特性将具有相对论效应（Stanic 和 Okretic，1975）。

假设厚度为 z_o 且具有抛物线密度分布的非均匀非磁化等离子体平板沿平行于界面（y 轴）方向匀速（v）运动，则以角度 θ_i 入射的电磁波的反射将受到影响。

图 2 – 9 是这一问题的示意图。运动的非磁化等离子体

平板的反射行为总结如表 2 - 12 所列。

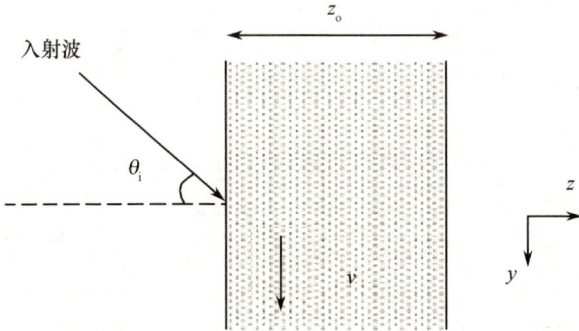

图 2 - 9　运动非磁化等离子体平板问题示意图

表 2 - 12　运动的非磁化等离子体的反射特性

入射角	反射特性
$\theta_i = 0$	反射与运动方向无关
	$\lvert\beta\rvert \geq 0.6$ 时的反射大于 $\lvert\beta\rvert < 0.6$ 时的反射
	反射特性与等离子体的非均匀性无关
$\theta_i \neq 0$	β 为负值时,反射更大
	反射是 β 和入射角的函数
	当 $-0.6 \leq \lvert\beta\rvert \leq 0.6$ 时,反射随着入射角增加而变大
	当入射波为 TM 极化时,布儒斯特角(θ_B)出现在 $-0.6 \leq \lvert\beta\rvert \leq 0.6$ 上
	θ_B 随着 β 增加而增加
	等离子体的非均匀性对 θ_B 有影响
	反射是等离子体厚度($k_o z_o$)的函数
	β 为负时,反射随着厚度增加而增加,且趋于 1
	等离子体的非均匀性

37

（续）

入射角	反射特性
$\theta_i \neq 0$	与运动的非均匀（抛物线密度分布）等离子体相比，运动的均匀等离子体具有较小（约10%）的反射率
	随着等离子体厚度的增加，均匀等离子体的反射呈波纹状起伏（$\beta > -0.3$），而非均匀等离子体的反射则表现为单一波峰

第3章　基于等离子体的 RCS 减缩

等离子体隐身技术因其特有的传播特性而具有重要的军事应用价值,包括宽的吸收频带、衰减和反射等特性。可以通过等离子体电子密度分布来控制其吸收频带,而不需要改变隐身平台外形。不同参数的等离子体对入射电磁波具有不同的表现。因此,为实现基于等离子体的隐身技术,需要开展进一步的研究工作。

3.1　等离子体生成机理

通常,等离子体的产生离不开电离源,电离源可以是电子束、离子束、X 射线或紫外辐射。因而,在电离源附近等离子体密度较高,等离子体密度随着与源间距离的增加而减小。一旦电离源关闭,由于复合效应,等离子体密度将随时间降低。在实验室条件下,电子束轰击电离和光电离是常用的等离子体产生方法。

高能电子束可在空气或惰性气体中产生等离子体。当电子由电离源产生时,它们将扩散,并与本底物质(空气或惰性气体)相互作用。由于后向散射、二次电子生成和多次小角散射(shallow angle scatterings),电离电子具有复杂的空间分布。电子密度随着与源间距离的增加而减小（约 $1/r^2$）。此外，由于电子与物质的相互作用，电子能量随着距离增加而减小。这种能量沉积导致最大值区域附近电子密度的少许增加（Vidmar，1990）。

紫外辐射是常用的等离子体产生方法之一。作为本底媒质（空气或惰性气体）中种子气体的有机蒸气，如四联（二甲氨基）乙烯（TMAE），其光致电离可产生碰撞等离子体。TMAE 具有低电离电位（5.36eV），这使其成为电离放电的优先选择。

Gregoire 等（1992）提出了用于产生紫外等离子体并能够独立控制电子密度和碰撞过程的其他种子气体分子。该方法在高压气体（He）中使用相对低浓度的低电离电位气体（Ar）进行紫外光电离。可以以期望的等离子体吸收特性为目的来优化参数。此外，与其他体电离技术不同，该方法可以解耦等离子体的产生和碰撞过程。在体电离技术中，通过将本底气体电离成电子和离子而形成等离子体。

等离子体密度与紫外辐射强度的导数成正比，即

$$n_e \propto -\frac{dI(x)}{dx} = \frac{I_o}{\xi}e^{-\frac{x}{\xi}}; I(x) = I_o e^{\frac{x}{\xi}} \tag{3-1}$$

式中：ξ 为吸收距离，有

$$\xi = \frac{760}{\mu P_{Ar}} \tag{3-2}$$

式中：μ 为以 cm^{-1} 为单位的吸收系数；P_{Ar} 为以托为单位的种子气体氩气压强。

可以利用本底气体（如 He）压强来改变碰撞频率。气体纯度是要考虑的一个重要参数，气体中的杂质将降低等离子

体寿命和系统效率。

　　此外,保持体积 V 内的电子密度 n_e 所需的功率为

$$P = \frac{n_e E_i V}{\tau} = k_r n_e^2 E_i V \qquad (3-3)$$

式中:E_i 为电离电位;τ 为等离子体寿命;k_r 为复合率。

　　众所周知,惰性气体具有低的复合率和对自由电子低的电子亲和势,但是具有高的电离电位(10eV 量级或更高)。这是在等离子体生成中使用它们作为本底气体的原因。

　　所产生的等离子体云团应该具有某种电磁透明外壳,以将等离子体限定在目标周围,降低维持等离子体所需的功率。电子束电离包括有高能电子(约 100keV)。这些高能电子电离本底气体,然后离解、激发,最后产生等离子体。所得到的等离子体与初始高能电子无关,平均温度很低(<1eV)。

　　等离子体寿命也是确定维持等离子体所需功率应该考虑的重要参数。影响等离子体寿命的过程包括电子—离子复合、电子与中性物质的附着,以及扩散。等离子体寿命本质上是等离子体初始密度的函数。

　　因其重量较大,电源的优化设计是等离子体隐身技术关键问题之一(Chaudhury 和 Chaturvedi,2009)。为减小用于等离子体生成的电源重量,建议只包覆对总 RCS 有贡献的部分目标结构。实际系统的功率估算还要考虑由电子束产生的非均匀电离分布和电子束生成过程中的功率损失。

3.2　等离子体包覆目标的 RCS 计算

　　在第一颗人造地球卫星发射后,人们发现由于电离层的

存在,物体的电磁散射特性会发生改变(Swarner 和 Peters, 1963)。电离层中的碰撞频率非常小,等离子体表现出无损耗媒质的宏观性质。等离子体的介电常数甚至小于自由空间的介电常数。

当卫星在电离层中高速运动时,它会获得正电荷或负电荷,然后从电离层吸收极性相反的电荷。这种效应会显著改变卫星的散射特性。当卫星充正电时,它吸引电子,可以视为一个介电常数小于 1 的介质壳。同样,充负电的卫星获得正离子,可等效为相对于周围的电离层环境介电常数大于 1 的介质壳。

介电常数小于 1 的这种介质壳可以用围绕卫星或飞机目标的等离子体壳来模拟。因而介质和复合材料平台的电磁散射特性可以使用高频近似方法结合数值技术来估计和分析。当介质非色散(ε,μ 和 σ 是常数)时,使用基于数值技术的方法,例如 FDTD。如果介质特性是频率相关的,FDTD 计算时要做递归卷积处理。

Chaudhury 和 Chaturvedi(2005)采用三维 FDTD 仿真方法来确定等离子罩遮盖的金属目标散射。除了多次反射以外,还考虑了电磁波向低等离子体密度区域弯折对后向散射的影响。

当电磁波进入弱电离非磁化碰撞等离子体时,会被吸收和散射。吸收意味着波能量的损耗,因为一部分电磁波能量先是转移给带电粒子,随后在弹性和非弹性碰撞中又转移给中性粒子。波的散射主要由等离子体密度的空间变化引起。

为使吸收最大化以得到最小反射,必须恰当地选择等离子体密度及其空间分布。换句话说,目标附近的等离子体密度应当足够高,并且等离子体密度应该随着与目标距离的增加而下降,碰撞速率也应该足够高。当入射波频率与碰撞频率匹配时,吸收最强。等离子体包覆圆形导体板的示意图如图 3－1 所示。

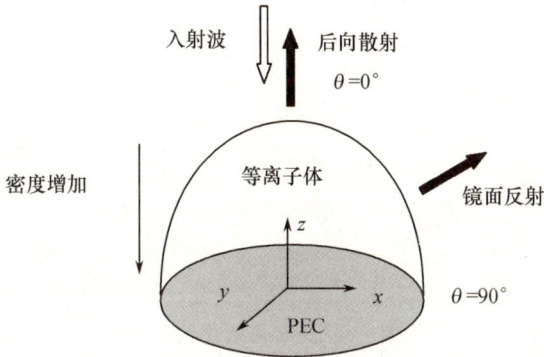

图 3－1　带等离子体罩的圆形导体板

设等离子体在 z 方向呈爱波斯坦(Epstein)分布,在 $x-y$ 平面呈高斯分布。由于吸收和折射,后向散射将减小。由于等离子体罩电子密度的空间变化,入射波将向低密度区折射。此外,到达完美导体盘的入射波将向所有方向散射。由于电子密度呈高斯分布,这些散射波将沿径向传播,使后向散射进一步减少。

在等离子体不存在时,最大散射发生在后向,并且在其他角度上缓慢减小。当存在等离子体罩时,最大散射方向发生改变,落到了其他角度上。这是折射效应的结果,对 RCS 减缩具有重要应用价值(Chaudhury 和 Chaturvedi,2007)。

如果在正方形金属板上覆盖非均匀的非磁化等离子体,其双站 RCS 不仅与方向角有关,还取决于所覆盖的等离子

体。表 3-1 所列为垂直入射时导体板的 RCS 减缩效果。当
电磁波以 45°角入射时,在 270°≤θ≤360°视线角内可实现近
20dB 的 RCS 减缩,覆盖了所有镜面方向(Chaudhury 和
Chaturvedi,2009)。但是,入射波频率的变化对 RCS 减缩没
有任何贡献。

表 3-1　垂直入射时导体板的 RCS 缩减效果

视线角	等离子体覆盖导体方板双站 RCS
$\theta = 0°$	镜面方向 RCS 显著减少(32.5dB)
$0° < \theta < 90°$	(1) RCS 显著减少(<32.5dB)。 (2) RCS 主峰向大角度偏移。其原因可能是:穿过等离子体时电长度的变化;等离子体不均匀引起的波的弯曲传播(甚至是垂直入射情况下)。 (3) RCS 峰值取决于:局部电子密度;相移
$\theta = 90°$	RCS 小幅度增加(约10dB)
$90° < \theta < 180°$	(1) 在导体板下方的阴影区产生前向散射波瓣; (2) 入射角超过150°时,RCS 减缩效果可以忽略

分析等离子体 RCS 减缩的另一种方法是递归卷积时域
有限差分(RC-FDTD)方法(han 等,2010)。当用非磁化等
离子体(均匀或非均匀)包覆导体球时,在非均匀等离子体的
情况下 RCS 减缩更明显,这是因为均匀等离子体具有边缘不
连续性,导致强反射。

如果导体表面覆盖有时变的非均匀磁化等离子体,则可
以用二维梯形递归卷积时域有限差分法(TRC-FDTD)分析
其双站 RCS 减缩(Liu 和 Zhong,2012)。存在外加磁场时,等
离子体呈各向异性,电磁波传播和散射特征呈现非互易性
(Geng,2011)。因此,对此类等离子体,常规 FDTD 方法将不

再适用。然而,TRC - FDTD 方法可以用来分析此种等离子体覆盖条件下导体的 RCS 减缩。

非均匀磁化等离子体的电通量密度(D)可以使用卷积积分在时域中确定。

在 TRC 方法中,通过取两个连续时间步长中的电场获得每个 FDTD 单元中 D 的分量(Liu 和 Zhong,2012),即

$$\frac{D_x^n}{\varepsilon_0} = E_x + \sum_{m=0}^{n-1}\left[\frac{E_x^{n-m} - E_x^{n-m-1}}{2}\chi_{xx}^m - \frac{E_y^{n-m} - E_y^{n-m-1}}{2}\chi_{yy}^m\right]$$

（3 - 4）

式中:χ_{xx}^m,χ_{yy}^m 为频域介电函数的逆傅里叶变换。

使用式(3 - 4),麦克斯韦方程组的第四个方程可以离散化为

$$\frac{D_x^{n+1} - D_x^n}{\Delta t} = (\nabla \times H)_x^{\left(\frac{n+1}{2}\right)}$$

（3 - 5）

外加磁场平行于 z 轴,覆盖非均匀、时变、碰撞冷等离子体的无限长完美导体圆柱(图 3 - 2)的 RCS 减缩情况如表 3 - 2所列。

表 3 - 2　覆盖非均匀磁化等离子体的
完美导体圆柱的 RCS 减缩

电子密度分布	等离子体参数	散射特性
抛物线密度分布	等离子体厚度	在几乎所有散射角度,RCS 随着厚度增加而减小
		(30° < θ < 90°和 285° < θ < 330°除外)
	回旋频率	RCS 随回旋频率增大而增加
		(315° < θ < 340°除外)
时变抛物线密度分布	弛豫时间	RCS 随弛豫时间变长而增加

已有报道将可视化计算方法(Wang,2009)作为分析复杂目标基于等离子体的 RCS 减缩的一种有效方法。在该方法中,将高频电磁波照射下的等离子体(冷、非磁化、碰撞和非均匀的)层流采用分层平面电介质模拟。

因此,包覆等离子体的目标散射问题可以视为覆盖多层电介质的目标散射问题进行求解。可以使用物理光学(PO)和阻抗边界条件(IBC)来确定模型的后向散射(图 3 - 2)。沿目标轴向的流场划分为称作"柱状带"(立条带)(stations)的不同分段(图 3 - 3)。

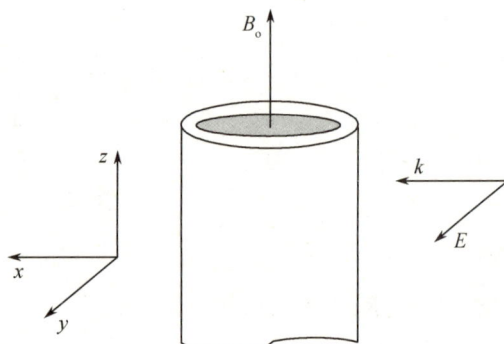

图 3 - 2　覆盖非均匀磁化等离子体的完美导体圆柱

这些柱状带(立条带)与目标局部表面垂直,每个柱状带处的流场又可划分为若干层(横条带)。这些柱状带(立条带)和分层(横条带)情况由等离子体分布确定。后向散射用散射矩阵表示,采用分层介质的菲涅耳反射系数计算。

Wang 等(2009)提出了一种分析无碰撞等离子体包覆目标中电磁波传播的射线追踪方法。无碰撞等离子体具有高通特性。使用射线跟踪方法并考虑等离子体的折射效应来计算电磁波衰减。电磁波在等离子体层内以直线路径传播,

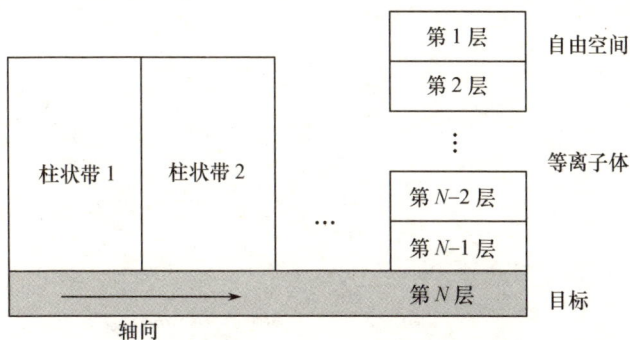

图 3-3　等离子体覆盖目标流场模型

层与层之间波传播的路径变化遵循斯涅耳定律。

等离子体包覆目标(无碰撞情况)的后向散射表示为

$$E_s = 2\mathrm{j}kpE_o \frac{\mathrm{e}^{-\mathrm{j}kR}}{4\pi R} \int_s (\hat{\boldsymbol{n}}_i \cdot \hat{\boldsymbol{m}}_i) \, \mathrm{e}^{\mathrm{j}2k(\hat{\boldsymbol{m}}_i \cdot \boldsymbol{r}_i)} \, \mathrm{d}s_i \qquad (3-6)$$

式中:R 为雷达和目标之间的距离;k 为波数;i 为目标表面面元序数。

由图 3-4 可见,$\boldsymbol{r}_i$ 为从雷达到目标表面的矢量,$\hat{\boldsymbol{n}}$ 为目标表面的法向单位向量,$\hat{\boldsymbol{m}}$ 为对应于面元最内层的单位波矢量,p 为扩展因子,有

$$p = \sqrt{\frac{F(0)}{F(s)}} \qquad (3-7)$$

式中:$F(0)$,$F(s)$ 分别为入射点和目标表面上射线管的波前截面积。

对碰撞等离子体包覆目标的情况,可以使用 Wentzel - Kramer - Brillouin(WKB)方法计算电磁波衰减(Wang 等, 2009)。假设边界处的电子密度为零,这样就避免了来自等离子体突变边界的反射。将等离子体按密度分布看作分层

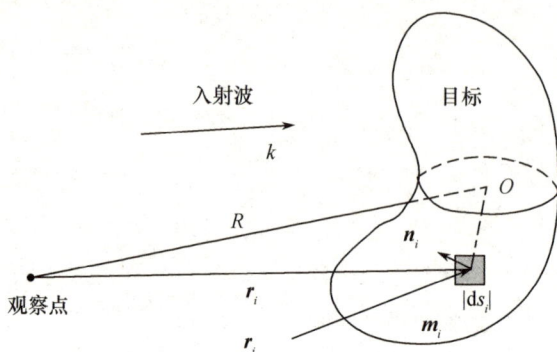

图 3-4   射线追踪法计算后向散射示意图

媒质,每个分层垂直于密度梯度,如图 3-5 所示。

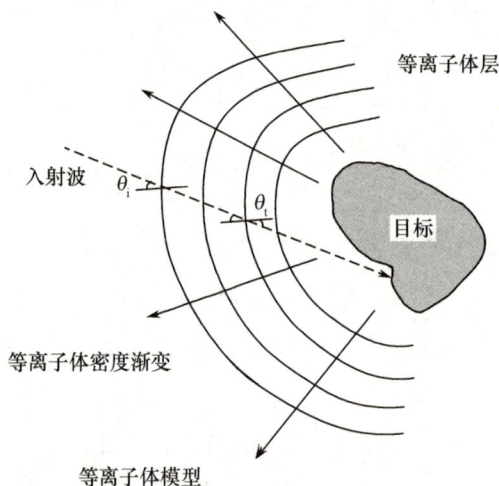

图 3-5   等离子体分层模型

图 3-6 所示为非均匀碰撞等离子体包覆金属表面的一部分的情况。假设等离子体参数在每一层内都是均匀的。对于非均匀等离子体,根据 WKB 方法,TE 极化电磁波表示为

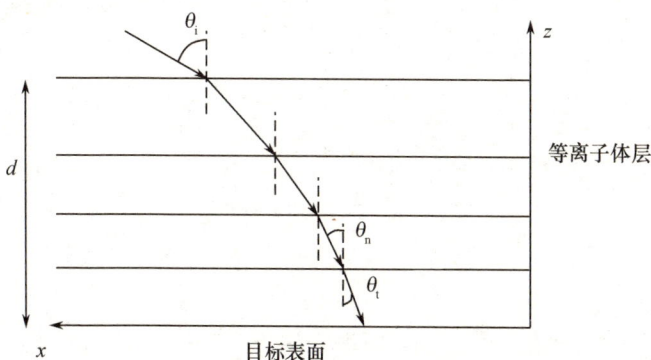

图 3-6   电磁波在非均匀分层等离子体中的传输

$$E_y = E_\text{o}\exp\left[\mp\int_0^z \sqrt{k^2(z) - k_\text{o}^2\sin^2\theta_\text{n}}\,\mathrm{d}z\right] \quad (3-8)$$

由于反射和传输,电磁波在穿过等离子体层时经历了双程衰减。这种衰减为

$$\text{Att} = \left|10\lg\frac{P_\text{R}(z_\text{o})}{P_\text{o}}\right|$$

$$= \left|17.37\text{lm}\int_0^{z_\text{o}} \sqrt{k^2(z) - k_\text{o}^2\sin^2\theta_\text{n}}\,\mathrm{d}z\right| \quad (\text{dB})$$

$$(3-9)$$

式中:P_o 为入射功率;$P_\text{R}(z_\text{o})$ 为 z_o 处的反射功率,有

$$P_\text{R}(z_\text{o}) = P_\text{o}\exp\left(-4\text{lm}\int_0^{z_\text{o}} \sqrt{k^2(z) - k_\text{o}^2\sin^2\theta_\text{n}}\,\mathrm{d}z\right)$$

$$(3-10)$$

如果一个球体覆盖非均匀非磁化等离子体(图 3-7),当碰撞频率与入射波频率相同时,RCS 的减缩直接取决于等离子体密度(Wang 等,2009)。即使当电子密度和碰撞频率在

径向呈抛物线分布时(Wang 等,2009),这一结论也是正确的,即

$$n_e(r) = n_{eo}\left[1 - \frac{(r - r_o)}{d^2}\right]$$

$$\nu(r) = \nu_o\left[1 - \frac{(r - r_o)}{d^2}\right] \tag{3-11}$$

式中:r 为每层的半径 $\{r_o \leq r \leq (r_o + d)\}$;$n_{eo}$,$\nu_o$ 分别为最内层的电子密度和碰撞频率。

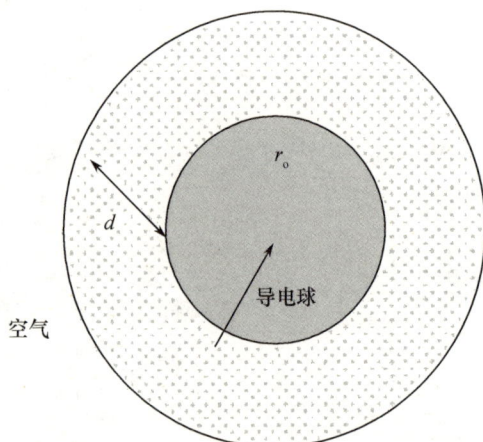

图 3-7 等离子体防护的导电球

也可以在包覆等离子体的锥形目标和二面角反射器上观察到基于等离子体的 RCS 减缩的这一趋势(Liu 和 Su,2003)。对二面角反射器,利用等离子体可以实现高达 30 ~ 40dB 的 RCS 减缩。

表面电导率是可用于控制散射的重要参数之一。如果电磁波在具有零电导率的介质(空气)中传播,趋肤深度将决

定有效散射的体积。换句话说,体散射可以近似为表面散射
(Blackledge,2007)。

如果等离子体覆盖散射体表面,可避免在空气与散射体界面处电导率的急剧变化。换句话说,在电磁波入射到导电的散射体表面之前,等离子体就将其吸收了。等离子体本质上形成了一个导电保护罩,保护目标免受入射电磁波照射。在给定频率,趋肤深度取决于等离子体的电导率。等离子体电导率越大,趋肤深度越小。在更高频率,只有极少的入射电磁波可以穿透等离子体。对于高电导率等离子体而言,这是正确的。但是,对于低电导率等离子体,等离子体的效应主要由指数因子 $\exp\left(-\dfrac{\sigma_{0}t}{\varepsilon_{0}}\right)$ 决定,其中 σ_{0} 和 ε_{0} 分别是等离子体电导率和介电常数。这个指数因子意义重大,对于更大的电导率,等离子体对散射减缩的效果将呈现指数降低。此外,散射场与频率无关。值得注意的是,在实际应用中,用于隐身防护的等离子体通常是弱电离和低电导率的。

弱电离等离子体的电导率取决于电子密度。因此,影响等离子体性能的主要因素是等离子体密度、等离子体厚度和空气—等离子体界面处的连续性。这 3 个因素反过来又取决于等离子体的生成功率、等离子体的稳定性及其分布。因此,等离子体的电子密度分布是离子体隐身中需要优化以实现等离子体防护的主要参数,从而也是实现航空航天目标 RCS 减缩的主要参数。

等离子体电导率取决于电离度。对于弱电离等离子体,电导率为

$$\sigma \approx \frac{ne^2}{m_e v_{ea}} \qquad (3-12)$$

式中:v_{ea}为电子和原子之间的碰撞频率;n为电子密度。比值
n/v_{ea}随飞行器从一个区域(高度和飞行速度)移动到另一个区
域而变化。如果在电离之前加入氢原子,则可能实现低碰撞频
率下的高电子密度。这反过来产生高而稳定的离子体电导率,
增强了等离子体防护效果。因此,对于给定的等离子体源配置
和航空航天平台,一个重要的问题是确定其电子密度分布。此
外,诸如飞行器速度,等离子体媒质,水蒸气等添加物,电子束
能量、直径以及分布等都将决定等离子体防护的效果。

3.3　等离子体与雷达吸波材料的结合

　　等离子体防护效果可进一步通过使用雷达吸收材料
(RAM)涂覆飞行器得到改善。其目的是吸收透过包覆飞行
器的等离子体层到达目标表面的那部分电磁波。有学者研
究了由等离子体和RAM组成的多层雷达吸收结构(RAS)中
的电磁波传播特性,如表3-3所列。

表3-3　包覆等离子体和RAM的目标的散射特性

参数	散射特性
入射波频率	低频段:只包覆RAM的目标比同时包覆RAM和等离子体的目标RCS减缩效果好
	原因:电磁波在到达RAM前被等离子体层部分吸收和反射
	高频段:同时包覆RAM和等离子体的目标RCS减缩效果更好
	原因:电磁波被等离子体和RAM同时吸收

52

（续）

参数	散射特性
$z = d_1$ 界面	$z = d_1$ 处的界面导致反射,从而降低隐身性能。 在 $z = d_1$ 处的反射增加了结构的总反射,减少了等离子体和 RAM 对电磁波的吸收
等离子体参数 （第 2 层）	等离子体厚度:有边界等离子体的衰减与其厚度之间呈非线性关系 有边界等离子体的空腔谐振和碰撞均对衰减有贡献。然而,衰减峰值源于空腔谐振 如果等离子体的厚度很大,衰减与等离子体厚度无关,为获得更强的空腔谐振效应可对等离子体厚度进行优化 等离子体电子密度:随着电子密度的增加,衰减峰向频率高端偏移 等离子体碰撞频率:影响衰减峰及其位置 增加碰撞频率可增强对电磁波的吸收
RAM 参数 （第 3 层）	在较高频率下,RAM 参数应与等离子体参数相匹配以获得更好的电磁波吸收效果
无耗透波材料(第 1 层)	需适当选取第一层的介电常数,避免等离子体和空气之间失配

Lan 等(2008)采用 FDTD 分析了电磁波与被等离子体和 RAM 覆盖的导电板的相互作用。据报道,与只有等离子体覆盖平板或只有 RAM 覆盖平板的情形相比,等离子体和 RAM 双重覆盖金属板的模型在高频段表现出更好的吸波特性。如果 RAM 放置在覆盖金属板的等离子体外层,则在较低频率的吸波效果更突出。通过优化等离子体和 RAM 参数可以增加吸收带宽。

Yuan 等(2011)提出了一种由 PEC、吸收材料、等离子体和无耗透波材料组成的四层结构(图3-8),该结构同时利用等离子体和RAM进行RCS减缩。他们使用阻抗变换方法分析了这一结构的反射和衰减性能。

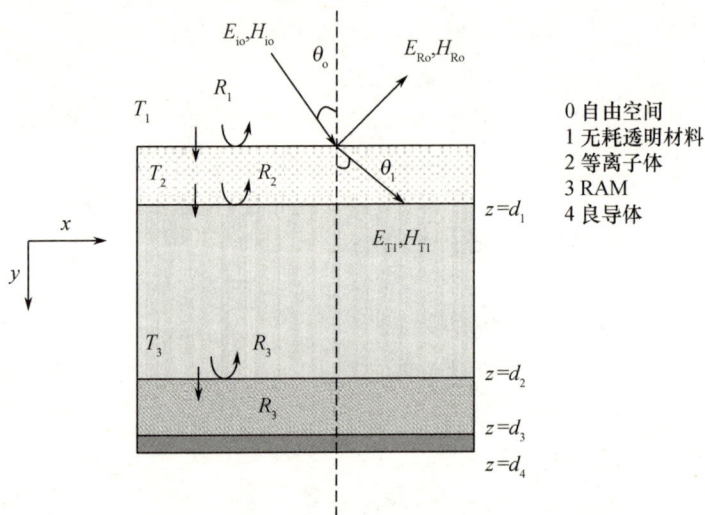

图3-8 电磁波在由等离子体和RAM
组成的多层结构中的传播

第4章　等离子体隐身面临的挑战

等离子体隐身技术的实现对研究人员和工程师无疑都是一个挑战。一个需要重点关注的是包覆目标的等离子体云团可能产生热、声、红外或可见光等其他特性（Vass，2003）。在进行隐身设计时，应充分考虑基于等离子体的RCS减缩存在的技术难题。这些问题（Cadirci，2009；Yuan等，2011）可概述如下：

（1）由于等离子体离子的复合反应，等离子体可能产生具有可见辉光的电磁辐射。消除这种光学特性的一种方法是使用不透明的塑料外壳。然而，在许多情况下，特别是飞机，这种方法并不可行。这种外壳应该是根据需求可移动和可调节的（Chaudhury 和 Chaturvedi，2009）。它应该对电磁波透明，不引起额外的散射。此外，它也不能干扰机载航空电子设备。Ma 等（2008）提出了一种具有 1/4 波长厚度的玻璃增强塑料封套，以减少外壳的反射。

（2）耗散到大气之前的飞机后面电离层的等离子体尾迹。这种尾迹可能产生可见光和雷达特征信号。这也使得使用外壳包覆避免形成等离子体尾迹成为必需。或者应该想法加快等离子体尾迹的耗散速率。如果飞机飞行在高海拔高度或在白天工作，则不存在等离子体尾迹问题（http://www. stealthskater. com）。

（3）在高速运动的飞机周围产生雷达吸收等离子体。

（4）等离子场中航空电子设备的通信窗口要求。这个问题可以通过在通信时关闭等离子体发生器来解决。

（5）维持包覆飞机的等离子体所需的功率。需要在飞行器周围持续产生等离子体以补偿原子化过程，如复合和电子附着。这一挑战需要通过优化等离子体产生和维持所需的输入功率，以选择合适的等离子体密度分布来解决。

（6）保持温度稳定的方法。应借助于适当的冷却手段保持温度稳定。环绕飞机的高温等离子体云团可能对飞机自身造成伤害。此外，还可能产生红外特征信号。应该在不造成空气温度显著上升的约束下选择等离子体生成机理，设计等离子体的生成方式。

（7）等离子体发生器的重量问题。等离子体本身的重量很轻，但其发生器的体积和重量都很大。更关键的是，产生等离子体所需的功率很高。解决这个问题的方法是仅在需要时开启等离子体发生器（Singh 等，2005）。此外，可以只在主要的 RCS 贡献部件采用等离子体覆盖，而不是整个飞行器都包覆等离子体。

（8）缺少必要的等离子体隐身试验数据限制了等离子体隐身设计和分析研究的实现。

第5章 结 论

人们已将等离子体视为控制飞机类目标 RCS 的手段之一。虽然可获得的有关等离子体 RCS 减缩和控制的细节和数据有限,但众所周知,一些国家已经在其武器装备中应用了等离子体隐身技术。

电磁波与等离子体的相互作用主要取决于等离子体的物理特性和相关的等离子体参数,特别是等离子体温度和等离子体密度。在很宽的频率范围内,等离子体是导电性的。在低频段,等离子体可作为电磁波反射体。在较高频段,可使用等离子体来操控电磁反射,因而控制 RCS,此时等离子体的电导率导致等离子体与入射电磁波更大的相互作用。电磁波在等离子体内被吸收,有助于 RCS 减缩。

我们对磁化和非磁化两种条件下弱电离碰撞等离子体的隐身应用进行了分析。在磁化等离子体中,等离子体对入射电磁波的吸收在本质上源于回旋共振。在非磁化等离子体中,等离子体对电磁波的吸收源于电子碰撞。等离子体频率,因而电子密度,在磁化和非磁化等离子体中都具有重要作用。可以推断,等离子体的 RCS 减缩和控制性能取决于其参数和所覆盖目标的其他条件。

表 5 – 1 总结了等离子体参数对电磁波传播的作用。可以使用散射矩阵法或时间递归卷积法结合 FDTD 来研究等离

子体的电磁传播特性。电磁波在等离子体中传播所产生的极化偏转可以使用诸如 FDTD 或传播算子矩阵法(PMM)等基于数值技术的方法来处理。但是,数值方法需要较长的计算时间和较多的存储空间。表 5-2 所列为使用等离子体包覆不同形状目标的最大 RCS 减缩值。

表 5-1 等离子体参数的影响

参数	特性
电子密度(n_p)	增大 n_p,则 ω_p 变大:
等离子体频率(ω_p)	• 反射和吸收功率增加(磁化等离子体) 抛物线和指数密度分布的吸收最大值出现的频率增加 抛物线分布情况下,带宽增加;而指数分布情况下,带宽不变 线性电子密度分布和线性-正弦组合的电子密度分布的吸收带宽变大 • 传输功率先是减小,超过回旋频率 ω_c 时增大(磁化等离子体) 最大值出现的频率增加 带宽增加 • 入射波的逸出角变小(非磁化等离子体)
碰撞频率(ν)	增大 ν • 反射和吸收功率减小(磁化等离子体) 对抛物线、线性、指数电子密度分布,最大值出现的频率保持不变 抛物线和指数电子密度分布的带宽保持不变,而线性和线性—正弦组合电子密度分布的带宽增加 • 传输功率先是增加,超过回旋频率后减小(磁化等离子体) 最大值出现的频率保持不变 抛物线和指数电子密度分布的带宽略有增大

（续）

参数	特性
其他参数 等离子体厚度 入射波频率 等离子体温度	• 吸收由碰撞和腔体谐振效应产生（非磁化等离子体） 在高频段,腔体谐振效应超过碰撞吸收,且吸收和反射随着等离子体厚度的增加而增加 如果等离子体厚度太大,衰减变得与等离子体厚度无关 存在有效反射特性的最佳等离子体厚度 • 增加入射波频率可降低反射功率（非磁化等离子体） 全反射角和反射损耗增加 • 温度升高（非磁化等离子体） 碰撞频率增加 反射损耗和吸收增加
电子密度分布	• 抛物线电子密度分布具有比指数电子密度分布更大的吸收和反射功率（磁化等离子体） • 指数密度具有比抛物线分布更大的传输功率和吸收带宽（非磁化等离子体） • 局部线性和正弦分布组合可在等离子体边界处提供更好的匹配 改进吸收和传输特性（非磁化等离子体）
回旋频率（ω_c）	• 取决于外加的磁场（磁化等离子体） • 能够调节吸收频带 • 磁场增强,吸收频从低频向高频移动,带宽不变 • 回旋频率附近,反射很少,吸收为主,零透射 • 当 $\omega_c \gg \omega_p$ 时,峰值反射和吸收产生频点非常接近回旋频率

（续）

参数	特性
入射角	对磁化等离子体 • 吸收频带随着入射角展宽 对非磁化等离子体 • 对特定入射角，反射损耗最大(TE 波) • 反射损耗随着入射角的增大而减小(TM 波) • 垂直入射时，TE 波和 TM 波具有同样的反射损耗 • 斜入射时，TM 波的反射损耗比 TE 波小

传输特性(非磁化等离子体)
- 等离子体吸收源于碰撞，是 RCS 减缩的主要原因
- 对电磁波的散射源于等离子体密度的空间变化
- 入射电磁波的折射特点决定后向散射大小

增强 RCS 减缩效果的方法
- 增大碰撞频率(对磁化和非磁化等离子体)
- 增大电子密度(非磁化等离子体)
- 增大等离子体的弛豫时间(磁化等离子体)

表 5 - 2　不同形状目标的 RCS 减缩效果

PEC 目标形状	等离子体状态	最大 RCS 减缩值/dB
方形板	非均匀非磁化	>20
		32.5(垂直入射)
二面角反射器	非磁化	30~40
球体	均匀非磁化	10
	非均匀非磁化	30
圆柱体	非均匀磁化	22
飞机(Su - 27IB)		20

　　此外,等离子体发生器很笨重。可以考虑只用等离子体包覆目标上对总的 RCS 有显著贡献的部分,而不是使用等离子体云团包覆整个飞行器,这些对 RCS 显著贡献的部分包括天线、二面角和结构边缘等,这种设计可以优化等离子体发生器电源及体积。此外,等离子体发生器激励源不一定需要一直处于开通状态,可以用来自敌对探测雷达的辐射作为激活等离子体发生器的信号。

　　等离子体的未来应用不限于基于等离子体的电磁遮蔽,还可以扩展到等离子体天线和等离子体频率选择表面(FSS)等领域。由于天线是装备平台 RCS 的主要贡献源,可以设计使用等离子体代替天线的金属阵面。类似地,FSS 中的金属部分可以用等离子体替代,以减少散射截面。

参 考 文 献

Alexef, I. , W. L. Kang, M. Rader, C. Douglass, D. Kintner, R. Ogot, and E. Norris. 1998. A plasmastealth antenna for the U. S navy. In Proceedings of IEEE International Conference on Plasma Science, Raleigh, NC, USA, 1 pp. 1 – 4 June 1998.

Anderson, T. , S. Parameswaran, E. P. Pradeep, J. Hulloli, and P. Hulloli. 2006. Experimental and theoretical results with plasma antennas. IEEE Transactions on Plasma Science 34(2): 166 – 172. April 2006.

Beskar, C. R. 2004. Cold plasma cavity active stealth technology, Technical White paper, Stavatti Military Aerospace: Tactical Air Warfare Systems Division, South St. Paul MN, USA, 11 p, November 2004.

Blackledge, J. M. 2007. Modeling and computer simulation of radar screening using plasma clouds. ISAT Transactions on Electronics and Signal processing 1(1): 61 – 71. January 2007.

Born, M. , and E. Wolf. 2002. In Principles of Optics; Electromagnetic Theory of Propagation, Interference and Diffraction of Light. 7th edn. Cambridge, UK: Cambridge University Press, ISBN: 0521642221, 952 pp.

Cadirci, S. 2009. RF Stealth (low observable) and counter RF stealth technologies: Implications of counter RF stealth solutions for Turkish Air Force. Naval Postgraduate School, Monterey, California, Master's Thesis Report, 161 pp. , March 2009.

Chaohui, L. , H. Xiwei, and J. Zhonghe. 2008. Interaction of electromagnetic waves with two – dimensional metal covered with radar absorbing material and plasma. Plasma Science and Technology 10(6): 717. 2008.

Chaudhury, B. , and S. Chaturvedi. 2007. Radar cross section reduction using plasma blobs: 3D finite difference time domain simulations. In Proceedings of IEEE Applied

62

Electromagnetic Conference, Kolkata, 4 pp. , 19 – 20 December 2007.

Chaudhury, B. , and S. Chaturvedi. 2009. Study and optimization of plasma based radar cross section reduction using three dimensional computations. IEEE Transactions on Plasma Science 37(11): 2116 – 2127. January 2007.

Chaudhury, B. , and S. Chaturvedi. 2005. Three dimensional computation of reduction in radar cross section using plasma shielding. IEEE Transactions on Plasma Science 33(6): 2027 – 2034. December 2005.

Chawla, B. R. , and H. Unz. 1969. Reflection and transmission of electromagnetic waves normally incident on a plasma slab moving uniformly along a magnetostatic field. IEEE Transactions on Antennas and Propagation 17(6): 771 – 777. November 1969.

Chen, F. F. 1974. Introduction to plasma physics. New York: Plenum press, ISBN: 0 – 306 – 30755 – 3, 329 pp.

Dinklage, A. 2005. Plasma physics: confinement, transport and collective effect. New York: Springer, ISBN: 3540252746, 496 pp.

Froula, D. H. , S. H. Glenzer, N. C. Luhmann, Jr. , and J. Sheffield. 2011. Plasma Scattering of Electromagnetic Radiation: Theory and Measurement Techniques. 2nd edn. Burlington, MA, USA: Elsevier, Academic Press, ISBN: 9780123748775, 497 pp.

Geng, Y. L. 2011. Scattering of plane wave by an anisotropic plasma – coated conducting sphere. International Journal of Antennas and Propagation 2011:6. Article Id 409764. 2011.

Ginzburg, V. L. 1961. Propagation of electromagnetic waves in plasma. New York: Gordon and Breach Science Publishers, ISBN – 10: 0677200803, 822 pp.

Gregoire, D. J. , J. Santoru, and R. W. Schumacher. 1992. Electromagnetic wave propagation in unmagnetized plasmas. Technical Report, Hughes Research Labs, Malibu, CA, 66 pp. , March 1992.

Gruel, C. S. , and E. Oncu. 2009. Interaction of electromagnetic wave and plasma slab with partially linear and sinusoidal electron density profile. Progress in Electromagnetic Research Letters 12: 171 – 181. 2009.

Gu, W. , Y. Lei, W. Taosheng, F. Ning, M. Jungang, and W. Baofa. 2009. "RCS calculation of complex targets shielded with plasma based on visual GRECO method. In Proceedings of International Symposium on Microwave Antenna Propagation and EMC Technologies for Wireless Communications, Beijing, pp. 950 – 953, Oct 2009.

Hu, B. J. , G. Wei, and S. L. Lai. 1999. SMM analysis of reflection, absorption and transmission from nonuniform magnetized plasma slab. IEEE Transactions on Plasma Science 27(4): 1131 – 1136. August 1999.

Jenn, D. C. 2005. Radar and Laser Cross Section Engineering. 2nd ed. , AIAA Education Series, Washington DC, ISBN – 13: 9781563477027, 505 pp.

Laroussi, M. , and J. R. Roth. 1993. Numerical calculation of the reflection, absorption and transmission of microwaves by nonuniform plasma slab. IEEE Transactions on Plasma Science 21(24): 366 – 372. August 1993.

Liu, S. , and S. Zhong. 2012. FDTD study on scattering for conducting target coated with magnetized plasma of time varying parabolic density distribution. Progress in Electromagnetics Research M 22: 13 – 25. January 2012.

Ma, L. X. , H. Sang, L. Zhu, and X. J. Gao. 2010a. Analysis on the refraction stealth characteristics of cylindrical plasma envelopes. In Proceedings of International Conference on Microwave and Millimeter wave Technology, Chengdu, pp. 1695 – 1698, May 2010.

Ma, L. X. , H. Zang, Z. Li, and C. X. Zhang. 2010b. Analysis on the stealth characteristics of two dimensional cylinder plasma envelopes. Progress in Electromagnetic Research Letters 13: 83 – 92. 2010.

Ma, L. X. , H. Zhang, and C. X. Zhang. 2008. Analysis on the reflection characteristic of the electromagnetic wave incidence in closed non magnetized plasma. Journal of Electromagnetic waves and Applications 22(17 – 18): 285 – 2296. 2008.

Mo, J. , and N. Yuan. 2008. Analytical solution of reflection coefficient microwaves oblique incidence on a nonuniform magnetized plasma slab. International Conference on Microwave and Millimeter wave Technology, Nanjing 4: 1930 – 1933. April 2008.

Roth, J. R. 1994. Interaction of electromagnetic fields with magnetized plasmas. Scientific Report PSL – 94 – 3, UTK Plasma Science Laboratory, University of Tennessee, Knoxville, TN, 329 pp. , March 1994.

Ruifeng, L. , and S. Donglin. 2003. Emulation research about feasibility of reducing dihedral corner reflector RCS with plasma. In Asia Pacific Conference on Environmental Electromagnetics, Hangzhou, China, pp. 523 – 526, Nov 4 – 7, 2003.

Sadeghikia, F. , and F. H. Kashani. 2013. A two element plasma antenna array. ETASR – Engineering, Technology & Applied Science Research 3 (5): 516 – 521. 2013.

Seshadri, S. R. 1973. Fundamentals of Plasma Physics. American Elsevier Publisher, New York, ISBN: 0 – 444 – 00125 – 5, 545 pp.

Singh, A. K. , B. S. Bhadoria, A. K. Kushwaha, and K. Chaturvedi. 2005. Scope and Challenge in Plasma: Science & Technology. Allied Pub, New Delhi, ISBN: 81 – 77648659, 141 pp.

Singh, Y. P. , and A. S. Shekhawat. 1983. Interaction of obliquely incident electromagnetic wave with collisional, magnetized and moving plasma slab. Acta Physica Hungarica 54: 101 – 109. 1983.

Skolnik, M. I. 2003. Introduction to Radar Systems, 3rd edn. New York: Tata McGraw – Hill Education, ISBN: 0070445338, 772 pp.

Stanic, B. V. , and V. K. Okretic. 1975. Reflection of electromagnetic waves by a moving ionized layer with parabolic electron density profile. Univ. Beograd. Purl. Elektrotehn. Fak. 15: 225 – 234. 1975.

Swarner, W. G. , and L. Peters. 1963. Radar cross sections of dielectric or plasma coated conducting spheres and circular cylinders. IEEE Transactions on Antennas and Propagation 11(5): 558 – 569. September 1963.

Taosheng, W. , Y. Lei, W. Gu, F. Ning, and W. Baofa. 2009. Visual computing method of radar cross section for target coating with plasma. Chinese Journal of Electronics 18(3): 579 – 582. July 2009.

Vass, S. 2003. Stealth technology deployed on the battle field. Informatics Robotics 2 (2): 257 – 269. 2003.

Vidmar, R. J. 1990. On the use of atmospheric pressure plasmas as electromagnetic reflectors and absorbers. IEEE Transactions on Plasma Science 18(4): 733 – 741. August 1990.

Williams, E. R. , and S. G. Geotis. 1989. A radar study of the plasma and geometry of lightning. Journal of the Atmospheric Sciences 46(9): 1173 – 1185. May 1989.

Yin, X. , H. Zhang, S. Sun, Z. Zhao, and Y. Hu. 2013. Analysis of propagation and polarization characteristics of electromagnetic waves through the nonuniform magnetized plasma slab using propagator matrix method. Progress in Electromagnetic Research 137: 159 – 186. 2013.

Yu, Z. , Z. Zhang, L. Zhou, and W. Hu. 2003. Numerical research on the RCS of plasma. In International Symposium on Antennas, Propagation and EM Theory, Beijing, China, pp. 428 – 432, Oct, 28 – Nov, 1, 2003.

Yuan, C. X. , Z. X. Zhou, and H. G. Sun. 2010. Reflection properties of electromagnetic wave in a bounded plasma slab. IEEE Transactions on Plasma Science 38 (12): 3348 – 3355. December 2010.

Yuan, C. X. , Z. X. Zhou, J. W. Zhang, X. L. Xiang, Y. Feng, and H. G. Sun. 2011. Properties of propagation of electromagnetic wave in a multilayer radar absorbing structure with plasma and radar absorbing material. IEEE Transactions on Plasma Science 39(9): 1768 – 1775. September 2011.

Zhengli, H. , J. Ding, P. Chen, Z. Zhang, and C. Guo, FDTD analysis of three dimensional target covered with inhomogeneous unmagnetized plasma. In International Conference on Microwave and Millimeter wave Technology, Chengdu, pp. 125 – 128, May 8 – 11, 2010.

关 于 本 书

　　本书是对等离子体隐身技术的综述,包括基本原理、方法、参数分析和工程实现所面临的挑战。实现飞行器对雷达隐身有赋形设计、雷达吸波涂层设计、功能材料设计和等离子体设计等方式。基于等离子体的隐身技术是在结构周围包覆等离子体层实现对入射电磁波反射和吸收的一种 RCS 减缩方法。但覆盖飞行器的等离子体云团常会发出热、声、红外和可见光等其他特性,从而导致利用等离子体实现 RCS 减缩的同时又可能会因为这些特性而增大目标的可探测性。因此,需要对等离子体的产生方法和它与电磁波的相互作用进行深入研究。本书从电磁波与等离子体相互作用的基本理论出发,简要讨论了等离子体中电磁波传输特性的分析方法以及等离子体的产生方式,给出了等离子体传输特性的参数分析结果和实现等离子体隐身技术所面临的挑战。这篇综述可作为低可探测性和隐身技术领域研究生、科技工作者和工程师的入门教程。

内 容 简 介

将飞行器面对雷达源时隐匿起来或者说针对雷达隐身的方式,可以有赋形设计、雷达吸波涂层设计、工程材料设计或等离子体设计等。基于等离子体的隐身技术是通过在飞行器结构周围包覆等离子体层以实现反射和吸收入射电磁波的一种雷达散射截面(RCS)减缩技术。但覆盖飞行器的等离子体云团通常会发出热、声、红外和可见光等其他特征信号,因此还要关注的问题是利用等离子体实现 RCS 减缩的同时却可能会因为其他特征信号而增大目标的可探测性。因此,必须对等离子体的生成方法以及它与电磁波的相互作用进行深入研究。本书是对等离子体隐身技术的综述,包括等离子体隐身的基本原理、方法、参数分析和工程实现所面临的挑战。本书从电磁波与等离子体相互作用的基本理论出发,简要讨论了等离子体中电磁波传播特性的分析方法以及等离子体的生成方式,给出了等离子体传播特性的参数分析结果和实现等离子体隐身所面临的挑战。这本综述可作为研究低可探测性和隐身技术的研究生、科技工作者和工程师的入门教程。